TOOL
ツール活用シリーズ

定番プリント基板設計

KiCad入門

無償でプロ並み！ DVD付き！ 回路設計/配線パターン設計/製造データ出力もOK

常田裕士 著
Hiroshi Tokita

CQ出版社

はじめに

　KiCad（キキャド）は，オープンソースのプリント基板（PCB）設計ソフトウェアです．Jean-Pierre Charras氏らによって1992年に開発がスタートしました．現在はKiCad開発チームを中心に，世界中に広がる開発者コミュニティが精力的に機能追加や改良を行っています．

● すべての機能が無料で使える

　KiCadの大きなメリットは，商用ソフトウェアの無料版のような機能制限がない点です．最大32層までの多層基板への対応，差動ペアの配線，押しのけ配線などの機能がすべて無料で使えます．回路の規模や，プリント基板のサイズについても制限がありません．利用者数の制限がないので，教育機関での教材にも適しています．

● オンライン・コミュニティが活発

　KiCadのユーザは世界中に存在しており，オンラインでさまざまな情報共有が行われています．近年はMakerムーブメントなどの流れで，創意あふれる開発者がさまざまなプロジェクトを立ち上げて，ネット上に設計情報を公開しています．

　KiCadはこのような個人の意欲的なプロジェクトでも頻繁に利用されており，公開されたノウハウを利用しやすい環境が整っています．

● 開発を強力に支援する団体がある

　2013年より，欧州原子核研究機構（CERN）がKiCadのソフトウェア開発を資金・人材の面から支援しています．CERN自身も加速器にかかわる多くのオープンソース・ハードウェアのプロジェクトを推進しています．また，2019年よりLinux Foundation（Linuxをはじめとするオープンソース・ソフトウェアの開発を支援する財団）もKiCadの開発を支援しています．そのほか，プリント基板製造サービスや多くの個人の開発者などもKiCadを支援しており，特定のベンダの意向で開発が中断する心配はありません。蓄積したノウハウや資産を継続的に利用するための基盤が整っています．

　本書では，ビギナから上級者まで誰でも基板を作れるツールとしてオススメのKiCadの使い方を解説します．

2025年2月　常田 裕士

COTENTS

目次

付属 DVD-ROM について 9

Introduction
プリント基板設計ソフトウェア「KiCad」のススメ 10

1 ──── ちゃんとしたプリント基板がカンタンに製造できる時代 10

2 ──── プKリント基板設計ソフトウェア「KiCad」とは 10

3 ──── KiCad のいろいろなメリット 11

4 ──── 本書の構成 12

Column 1　無償で使える KiCad のライセンス…オープンソース GPLv3　12

第1部
KiCad プリント基板設計入門

第1章
KiCad の入手とインストール 14

1 ──── KiCad の入手 14

2 ──── KiCad のインストール 15

第2章
はじめてのプリント基板作り①…回路図を作る 18

1 ──── KiCad を使ったプリント基板作りの流れ 18

2 ──── KiCad の基本操作 20

3 ──── 回路図の作成 21

Column 1　配線にまつわる Tips　24

4 ──── ルール・チェッカー ERC で回路のエラーがなくなるまで修正 26

第3章
はじめてのプリント基板作り②…
基板の配線パターンを作る 29

1 ──── 部品の意味「シンボル」に部品の形「フットプリント」を割り当てる 29

2 ──── 基板レイアウト＆配線パターンの作成 31

Column 1　基板外形を決めるコツ　34

3 ──── ルール・チェック DRC で配線のエラーがなくなるまで修正 39

Column 2　設定値を決める際のポイント　42

目次　3

第4章
はじめてのプリント基板作り③…プリント基板の発注＆完成 … 44
1 ──── 基板の製造用データの出力 …………………………………………… 44
2 ──── プリント基板製造のオンライン発注 ……………………………… 46
3 ──── 基板が届いたら部品をはんだ付け ………………………………… 49
4 ──── 動作確認 …………………………………………………………………… 50

Appendix 1
プリント基板製造のオンライン発注先 …………………………………… 51
1 ──── P板.com（ピーバンドットコム） ………………………………… 51
2 ──── JLCPCB ……………………………………………………………………… 52
3 ──── FusionPCB …………………………………………………………………… 52
4 ──── KitCutLabo ………………………………………………………………… 52

第5章
Arduino互換マイコン基板の自作①…回路図を作る ………… 54
1 ──── 製作する回路と基板 …………………………………………………… 54
2 ──── KiCadの回路図を作る ………………………………………………… 56
3 ──── 回路図の作成によく使う機能 ……………………………………… 61

第6章
Arduino互換マイコン基板の自作②…
基板の配線パターンを作る …………………………………………………… 69
1 ──── 基板レイアウトのはじめに使う機能 …………………………… 69
2 ──── 重要となる配置から決めていく …………………………………… 72
3 ──── ちょっとした回路に便利な「自動配線」 ……………………… 76
4 ──── 配線パターン作りにおける実用的な機能 ……………………… 79
5 ──── 必要に応じた仕上げ …………………………………………………… 86

第7章
Arduino互換マイコン基板の自作③…
プリント基板製作＆Arduinoとして動かす ……………………… 90
1 ──── プラグインを使ったプリント基板の発注 ……………………… 90
2 ──── 部品の準備とはんだ付け ……………………………………………… 93
3 ──── 自作マイコン基板をArduinoとして動かすには ……………… 95

第8章
必ず直面する…
ライブラリにない部品をKiCadに追加するフロー …………… 98
1 ──── KiCad上の部品…「シンボル」と「フットプリント」 ……… 98

2 ─── 部品のシンボルの作成 ‥‥‥‥‥‥‥‥‥‥‥‥‥‥‥‥‥‥‥‥‥‥‥‥ 99
3 ─── 部品のフットプリントの作成 ‥‥‥‥‥‥‥‥‥‥‥‥‥‥‥‥‥‥‥‥‥ 103
4 ─── 作成したシンボルとフットプリントの呼び出し ‥‥‥‥‥‥‥‥‥‥‥‥ 108

第9章
部品シンボルの作成 ‥‥‥‥‥‥‥‥‥‥‥‥‥‥‥‥‥‥‥‥‥‥ 109

1 ─── シンボルの新規作成 ‥‥‥‥‥‥‥‥‥‥‥‥‥‥‥‥‥‥‥‥‥‥‥‥‥ 109

Column 1　KiCadの部品シンボル・ライブラリには命名規約がある　110

2 ─── シンボルのプロパティの設定 ‥‥‥‥‥‥‥‥‥‥‥‥‥‥‥‥‥‥‥‥‥ 112
3 ─── ピンのプロパティの設定 ‥‥‥‥‥‥‥‥‥‥‥‥‥‥‥‥‥‥‥‥‥‥‥ 115
4 ─── ピンのレイアウト ‥‥‥‥‥‥‥‥‥‥‥‥‥‥‥‥‥‥‥‥‥‥‥‥‥‥ 119
5 ─── シンボルの外観の描画 ‥‥‥‥‥‥‥‥‥‥‥‥‥‥‥‥‥‥‥‥‥‥‥‥ 122

第10章
部品フットプリントの作成 ‥‥‥‥‥‥‥‥‥‥‥‥‥‥‥‥‥ 124

1 ─── フットプリントの新規作成 ‥‥‥‥‥‥‥‥‥‥‥‥‥‥‥‥‥‥‥‥‥‥ 124
2 ─── パッドの配置 ‥‥‥‥‥‥‥‥‥‥‥‥‥‥‥‥‥‥‥‥‥‥‥‥‥‥‥‥ 125

Column 1　KiCadのフットプリント・ライブラリにも命名規約がある　126

3 ─── パッドのプロパティの設定 ‥‥‥‥‥‥‥‥‥‥‥‥‥‥‥‥‥‥‥‥‥‥ 129
4 ─── 補足情報の描画 ‥‥‥‥‥‥‥‥‥‥‥‥‥‥‥‥‥‥‥‥‥‥‥‥‥‥‥ 132
5 ─── フットプリントのプロパティ設定 ‥‥‥‥‥‥‥‥‥‥‥‥‥‥‥‥‥‥‥ 137
6 ─── フットプリントの基準点アンカーの設定 ‥‥‥‥‥‥‥‥‥‥‥‥‥‥‥‥ 138
7 ─── 形状の3Dモデルの設定 ‥‥‥‥‥‥‥‥‥‥‥‥‥‥‥‥‥‥‥‥‥‥‥ 139

第11章
KiCadに付いているSPICE回路シミュレータ ‥‥‥‥ 142

1 ─── KiCadに組み込まれた回路シミュレータngspiceの基本 ‥‥‥‥‥‥‥‥‥ 142
2 ─── 実行できる解析の種類 ‥‥‥‥‥‥‥‥‥‥‥‥‥‥‥‥‥‥‥‥‥‥‥‥ 144
3 ─── シミュレーションの実行 ‥‥‥‥‥‥‥‥‥‥‥‥‥‥‥‥‥‥‥‥‥‥‥ 145

第12章
複数の基板データをまとめて1枚で製造する「面付け」 ‥‥ 149

1 ─── PCBエディターを単独で起動する ‥‥‥‥‥‥‥‥‥‥‥‥‥‥‥‥‥‥ 149
2 ─── 複数の基板パターンを並べる ‥‥‥‥‥‥‥‥‥‥‥‥‥‥‥‥‥‥‥‥ 150
3 ─── 分割の方法①…Vカットを入れる ‥‥‥‥‥‥‥‥‥‥‥‥‥‥‥‥‥‥ 151
4 ─── 分割の方法②…スリットを入れる ‥‥‥‥‥‥‥‥‥‥‥‥‥‥‥‥‥‥ 151

Appendix 2
みんなでKiCadを便利にしていく「プラグイン」のしくみ ‥‥‥‥ 153

1 ─── KiCadの特徴…みんなでKiCadを便利にできる「プラグイン」機能 ‥‥‥‥‥ 153
2 ─── カンタンにインストールできる ‥‥‥‥‥‥‥‥‥‥‥‥‥‥‥‥‥‥‥ 155
3 ─── プラグインのパッケージの構造 ‥‥‥‥‥‥‥‥‥‥‥‥‥‥‥‥‥‥‥ 155

目次　5

4 ──── プラグイン配布用のサイト「リポジトリ」 ································ 158
5 ──── 自作のプラグインを配布してみた ······································ 161
　　　　Column 1　作成したプラグインをKiCad公式のリポジトリに登録するには　166

第2部
プリント基板設計KiCad機能全集

第1章
KiCad全体をつかさどる「プロジェクト マネージャー」···· 168
1 ──── KiCadを構成するツール群 ··· 168
2 ──── メニューの全体構成 ··· 170
3 ──── 基板データの単位…「プロジェクト」の作成＆取り込み ·············· 172
4 ──── KiCadのフォルダ構成 ··· 175
5 ──── 部品ライブラリの管理機能 ··· 177
6 ──── テキスト・エディタ機能 ··· 180
7 ──── 各ツールの設定機能 ··· 181

第2章
「回路図エディター」機能全集 ·· 182
1 ──── 画面構成 ··· 182
2 ──── メニュー全体の構成 ··· 182
3 ──── 回路図としての基本設定 ··· 190
4 ──── 部品/電源/グラウンドのシンボルの配置 ······························· 193
5 ──── 配置したシンボルのプロパティや値の設定 ····························· 195
6 ──── シンボル間の配線 ··· 199
　　　　Column 1　バスに別名を付ける　200
7 ──── 配線に名前を付けるラベル ··· 202
8 ──── 回路図の階層化 ··· 205
9 ──── リファレンス番号を割り当てるアノテーション ························· 207
10 ──── 文字/図形の描画 ·· 208
11 ──── 回路データのルール・チェック「ERC」 ······························· 212
12 ──── シンボルのシミュレーション・モデルの設定 ·························· 213
13 ──── SPICE回路シミュレーション ·· 214
14 ──── シンボルとフットプリントの関連付け ································· 217
15 ──── 「PCBエディター」とのデータ連携 ···································· 218
16 ──── 部品表とネットリストの作成 ··· 219
17 ──── シンボルの一括編集 ··· 220

第3章
基板設計「PCBエディター」機能全集 223

1 ——— 配線パターン設計機能の全体像 223
2 ——— メニュー全体の構成 223
3 ——— 「回路図エディター」とのデータ連携 234
4 ——— 部品フットプリントの配置 235
5 ——— 配置したフットプリントのプロパティの設定 238
6 ——— 配線パターンの作成 240
7 ——— 各種ビアの配置 241
8 ——— 細かい配線やビアの設定 243
9 ——— ベタ・グラウンド(塗りつぶし)の作成 243
10 ——— 差動ペアの配線 247
11 ——— マイクロ波用の形状パターンの作成 249
12 ——— 文字/図形の描画 250
13 ——— 寸法線の描画 253
14 ——— 座標原点の設定 255
15 ——— 基板の製造仕様の設定 255
16 ——— 基板データのルール・チェック「DRC」 261
17 ——— 配線がほぼできたタイミングの整理機能 263
18 ——— 実装イメージの3D表示 265
19 ——— フットプリントの一括編集 265
20 ——— 座標系や単位系の変更 269
21 ——— 表の埋め込み 270
22 ——— Pythonスクリプトによる操作の自動化 271
23 ——— PCBエディターの設定 272

第4章
「ガーバー ビューアー」の機能 273

1 ——— 全体の構成 273
2 ——— ファイルの操作 274
3 ——— 表示の設定 276
4 ——— ビューアーの各種機能 278

第5章
部品「シンボル エディター」の機能 280

1 ——— 全体の構成 280
2 ——— ファイルの操作 280
3 ——— シンボルの基本的な設定 283
4 ——— ピンの追加/設定 288
5 ——— 論理記号を使ったシンボルの設定 291
6 ——— 電源シンボルの設定 292
7 ——— 図形/テキストの描画 293

8	画面の表示/非表示の設定	294
9	シンボル・データの不備チェック	295

第6章
部品「フットプリント エディター」の機能 ································ 296

1	全体の構成	296
2	ファイルの操作	297
3	フットプリントの基本的な設定	299
4	パッドの基本的な設定	303
5	パッドの配置/編集/設定	307
6	シルクやその他の設定	309
7	画面の表示/非表示の設定	310
8	フットプリントの不備チェック	311
9	各種機能	312

Appendix 1
おすすめプラグインと管理機能 ······································· 313

1	プラグインの管理機能	313
2	おすすめのプラグイン	315

Appendix 2
「計算機ツール」機能 ·· 317

1	全体の構成	317
2	システム設計全般にかかわる計算機能	318
3	電源，電流と絶縁にかかわる計算機能	319
4	高周波にかかわる計算機能	322
5	便利メモ	324

Appendix 3
「図面シート エディター」機能 ·· 326

1	全体の構成	326
2	操作	326

Appendix 4
画像ファイルを読み込む「イメージ コンバーター」機能 ············ 331

1	全体の構成	331
2	操作	331

索引　334

付属 DVD-ROM について

付属のDVD-ROMには，下記の2つのコンテンツが収録されています．

● KiCadフォルダ

プリント基板設計ソフトウェア KiCadのインストール・パッケージを格納してありま
す．本書で解説のベースとするバージョン8.0.6のほか，7.0と6.0の安定版も格納しました．

インストールの際には，インストール・パッケージをパソコンにコピーしてから実行し
てください．

- kicad-8.0.6-x86_64.exe
  プリント基板設計ソフトウェア KiCad Version 8.0
- kicad-7.0.11-x86_64.exe
  プリント基板設計ソフトウェア KiCad Version 7.0
- kicad-6.0.11-x86_64.exe
  プリント基板設計ソフトウェア KiCad Version 6.0

● DATAフォルダ

本書で説明した基板データおよびシミュレーション・データです．

使用する際には，データをパソコンにコピーしてから開いてください．

- LED基板データ
  第1部 第2章～第4章にて解説するプロジェクトのデータ
- Arduino互換マイコン基板データ
  第1部 第5章～第7章にて解説するプロジェクトのデータ
- シミュレーションデータ
  第1部 第11章にて解説するSPICEシミュレーション・データ

Introduction

プリント基板設計ソフトウェア「KiCad」のススメ

1 ── ちゃんとしたプリント基板がカンタンに製造できる時代

KiCadはプリント基板(PCB)を作成するためのCAD(Computer-Aided Design)ツールです.

近年,中国・シンセンの基板製造サービスを利用することで,個人でも自分で設計したプリント基板を安価で製造できるようになりました.オープンソースのツールとして自由に利用できるKiCadは,プリント基板設計を始めるのにうってつけです.

KiCadは無償で利用できますが,商用のCADツールと比較しても遜色のない高度な機能を備えています.また,開発コミュニティも活発に活動しており,新しい機能の開発や,部品データの拡充などが継続的に行われています.

2 ── プリント基板設計ソフトウェア「KiCad」とは

● 回路設計とプリント基板設計を統合したツール

KiCadは,回路図の作成から基板のレイアウトまで包括的なワークフローで電気設計を行えます.回路図と基板を連動して設計するので,配線もただ線を引くのではなく,回路図の設計と矛盾しないようにツールが支援してくれます.これにより,わかりやすく効率的に設計が行えます.

シミュレーションの機能も拡充され,基板の作成のみにとどまらず広く電気設計をカバーするようになっています.

3 — KiCadのいろいろなメリット

● その1：プリント基板CADとしてそもそも高機能

KiCadには，32層まで(実用的にはほぼ無制限ともいえる)の多層基板のレイアウトや，配線がかぶらないように自動調整する「押しのけ配線」機能，配線接続部にティアドロップ形状を作成する機能など，ひと昔前であれば，高額な製品にしか用意されていなかったような機能も実装されています．

KiCadは単に無償で利用できるというだけでなく，充実した機能を持つ実用的なソフトウェアです．

● その2：部品ライブラリが充実している

KiCadの開発コミュニティによって作成された部品ライブラリには，20000のシンボル，10000のフットプリントが収録されており，充実しています．

多くのフットプリントには，3Dモデルのデータも添付されています．KiCad上で3D表示することにより，部品を実装したときの基板のイメージを確認できます．この3Dモデルのデータは，機械系CADツールとの連携にも役に立ちます．

● その3：プリント基板製造サービスへのオンライン発注がプラグインでカンタン

プリント基板製造サービス各社が，自社のフォーマットに合わせた発注データを出力するプラグインを提供しています．

これにより，多くのプリント基板製造サービスに対して，簡単な操作でミスなく製造の依頼が行えるようになっています．

基板の設計を行ったり，製造を依頼したりするのが初めての人にも，扱いやすくなっています．

● さらに…Eagleなどほかのプリント基板CADのデータも取り込める

オープンソースでベンダから中立の立場にあるKiCadは，標準的な仕様のサポートに積極的です．

基板の製造時に使用するガーバ・データの拡張仕様であるGerber NetListの機能など，商用CADに先駆けてKiCadで実装されたものもあります．IPC-2581などにもいち早く対応してきています．

3—KiCadのいろいろなメリット　11

EagleなどのほかのCADツールのデータをインポートする機能もあるので，既存のデータ資産を活用できます．

4 —— 本書の構成

本書はKiCadの使い方を習得するための入門編（第1部）と，KiCadの機能を網羅的に解説する機能全集（第2部）に分かれています．

● 第1部…KiCadを使った実際のプリント基板設計入門

第1部では，KiCadの主要な操作や作業の流れをつかめるようになっています．初めてKiCadを使う方は，第1部の作例に従って，KiCadの基本的な使い方を体験することをおすすめします．

● 第2部…KiCad機能全集

第2部では，KiCadの各機能の詳細を解説します．必要に応じて，辞書のように参照してください．

Column 1

無償で使えるKiCadのライセンス…オープンソースGPLv3

KiCadはGeneral Public License（GPL）Version 3のライセンスの下で配布されており，オープンソースのソフトウェアとして無償で利用できます．GPLのライセンス条件では，商用開発への利用や，有料の教育・セミナの実施，書籍の出版といった，金銭の授受が伴う活動についても制約はありません．

GPLのライセンス条項が影響するのは，主にソフトウェアを改造して再配布を行う場合です．GPLの特徴として，GPLでライセンスされたソフトウェアを改造，配布するときには，独自の改造分も含めてソース・コードを提供する必要があります．改造したプログラムを配布するのであれば，独自の改造分のソースコードを非公開にできないのがGPLの特徴です．KiCadを改造して再配布を行うソフトウェア開発者や開発企業は，ライセンスの内容を理解して従う必要があります．

定番プリント基板設計 KiCad 入門

第 1 部

KiCad プリント基板設計入門

第1部　KiCadプリント基板設計入門

第1章

KiCad の入手とインストール

1 ── KiCadの入手

● 動作環境…さまざまな CPU & OS に対応

KiCadはWindows，macOS，Linuxで使用可能なインストール・パッケージが公開されています．**表1**にKiCadの主なハードウェア・システム要件を，**表2**にKiCadのOS対応状況を示します．

● KiCadのウェブ・サイトから

KiCadのインストール・パッケージは，以下のKiCadのウェブ・サイトよりダウンロードが可能です．

https://www.kicad.org/

表1　KiCad（バージョン8.0.6）の主なハードウェア・システム要件

項　目	内　容
プロセッサ・アーキテクチャ	Intel（または互換）32ビット/64ビット，PowerPC 64ビット，ARM 64ビット
RAM	1GB以上（2GB以上を推奨）
ハード・ディスク空き容量	10GB以上
画面解像度	1280 × 1024（1920 × 1080以上を推奨）．低解像度だとツールバー・ボタンが非表示になる場合がある
その他	OpenGL 2.1以降を搭載したグラフィック・カード

表2　KiCadが公式にサポートするOS

OSがサポート期間中のもののみサポート対象となる．サポート終了後のOSは開発チームとして動作確認を行わないので，動作しなくなる可能性がある．

OSの分類	バージョン
Windows	Windows 10 以降
macOS	macOS 11.6 以降
Linux	Ubuntu 22.04 以降
	Fedora 38 以降
	Debian 11 以降

14　第1章──KiCadの入手とインストール

トップ・ページのメニューから「Download」を選択し，自分の環境に合わせて，インストール・パッケージを選んで保存します．パッケージは複数のサイトからダウンロード可能なので，地理的に近いサイトを選択します（ダウンロード速度以外に違いはない）．

なお，本書の記載および図版は，Windows用のVersion 8.0.6に準拠しています．

● 付属DVD-ROMから

付属DVD-ROM内のKiCadフォルダに，Windows用のインストール・パッケージ（kicad-8.0.6-x86_64.exeなど）を収録しています．これを使う場合はダウンロードする必要はありません．ただし，インストール後に追加のライブラリなどを入手するためにはインターネット接続が必要です．

2 ── KiCadのインストール

● OSごとのインストール方法

WindowsやmacOSにKiCadをインストールする場合は，ダウンロードしたインストール・パッケージを実行し，その指示に従って進めればインストールが完了します（図1）．

Linuxで使用する場合は，多くの場合ディストリビューションの提供するパッケージがあるので，各ディストリビューションのパッケージ管理システムからインストールを行います．

図1　本書ではKiCad（Windows版）8.0.6をベースに解説する
最近はKiCadもこなれてきてバージョンが上がっても大きな変更はないはずなので，適宜読みかえること．インストール時に必要なコンポーネントを選択でき，デフォルト設定だとパソコンに6.5Gバイト以上の空き容量が必要．

● 初回起動時の確認事項

　KiCadを起動すると，図2に示す「プロジェクト マネージャー」画面が開きます．
　KiCadを初めて起動したときには，ダイアログで設定を確認される項目があります（図3など）．それぞれ内容を確認して設定を行います．
　回路図エディターやPCBエディターなどのツールを初めて起動したときにも，図3(b)のようなライブラリの初期設定のダイアログが表示されます．このダイアログでは，特に理由がない限り，推奨されている「既定のグローバル シンボル ライブラリ テーブルをコピー」を選択します．

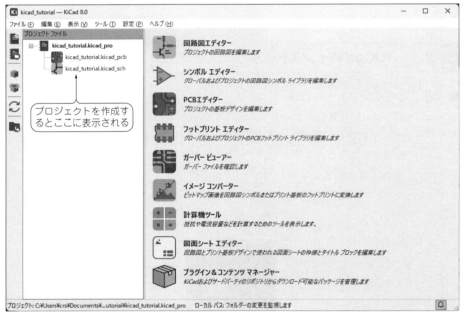

図2　操作の基本となるKiCadの「プロジェクト マネージャー」画面…各機能が呼び出せる

第1章──KiCadの入手とインストール

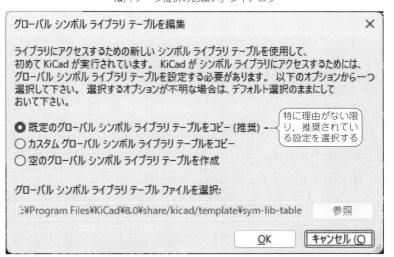

(a)「データ提供のお願い」ダイアログ

(b)「グローバル シンボル ライブラリ テーブルを編集」ダイアログ

図3 初回起動時に確認される項目がある

第2章

はじめてのプリント基板作り①…回路図を作る

本章ではシンプルなLED点灯基板の製作を例に，KiCadの操作方法をマスタします．

1 — KiCadを使ったプリント基板作りの流れ

● 製作する回路と基板

電源プラグをつなげばLEDが点灯する基板を製作します(図1)．基板に搭載する部品は，LEDと抵抗，標準DCジャック(外径5.5mm，内径2.1mm，基板取り付け用)だけです．回路は非常にシンプルです．基板製造サービスに発注して製造した基板の例を写真1に示します．

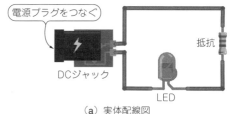

(a) 実体配線図

(b) 回路図

図1 LED点灯基板の回路
DCジャックに電源プラグを差し込むとLEDが点灯する，シンプルな回路．なお，実体配線図はFritzingで作成した．

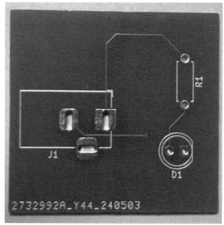

写真1 製作した基板

● 基板製作の流れと使用するKiCadの機能

図2に，回路図作成からプリント基板製造発注までの流れを示します．KiCadの「回路図エディター」と「PCBエディター」，必要に応じてSPICE回路シミュレータを使い，最終的にはプリント基板製造用データを出力します．基板製造サービスに製造を発注して，出力したデータを送付すると，製造されたプリント基板が届きます．

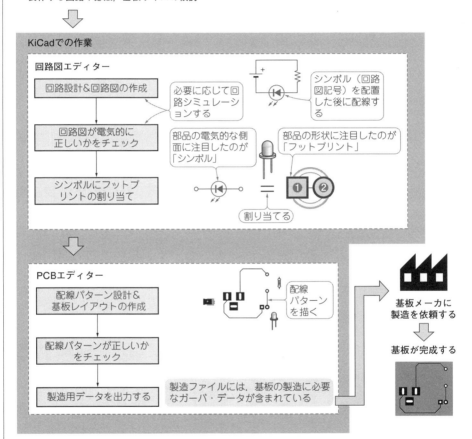

図2　KiCadを使った基板製作の流れ

2 — KiCadの基本操作

● プロジェクトの作成

KiCadは，複数のファイルを連携して1つのプロジェクトとして扱います．初めてKiCadを起動したときには，プロジェクトが何もない状態です．まずはプロジェクトを作成して，基板を作るために必要なファイルを用意します．

図3に示す「プロジェクト マネージャー」画面のメニューから[ファイル]-[新規プロジェクト...]を選択します．ダイアログが表示されるので，[ファイル名]に任意のプロジェクト名を入力します．ここでは「toragi_tutorial」とします．

プロジェクトが作成されると，画面左側の領域には次のファイルが作成されます．

- toragi_tutorial.kicad_pcb：基板レイアウトのファイル
- toragi_tutorial.kicad_sch：回路図のファイル

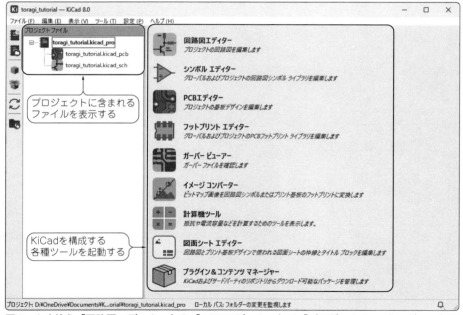

図3 よく使う「回路図エディター」や「PCBエディター」は「プロジェクト マネージャー」画面から呼び出せる

プロジェクトごとに専用のフォルダを作成して割り当てるようにします.

● KiCadを構成する各種ツールの呼び出し

プロジェクト マネージャーの右側の領域には，KiCadを構成する各種ツールが表示されています．アイコンをクリックすると個々のツールが起動します．

KiCadで頻繁に使うのは，「回路図エディター」と「PCBエディター」です（PCB；Printed Circuit Board，プリント基板）．この2つが基板を設計するメインのツールになります．

3 —— 回路図の作成

KiCadを使った基板製作の作業は，「回路図作成」と「基板レイアウト」という2つの工程に大きく分けられます．まず，回路図エディターを使って，回路図を作成します．基板レイアウトの作業のときには，作成した回路図の情報を取り込むことができ，回路図と基板のパターンが一致するようにガイドしてくれます．

● 回路図エディターを起動する

「プロジェクト マネージャー」画面（**図3**）の右側にある「回路図エディター」のアイコンをクリックして起動します．

● 回路図作成に利用する2つの機能

「回路図エディター」画面（**図4**）の中にある[シンボルを追加]，[ワイヤーを追加]の機能を利用して回路図を描きます．回路図エディターにはたくさんのアイコンが並んでいますが，回路図を描くにはこの2つの機能を主に使います．

[シンボルを追加]/[ワイヤーを追加]を選択するには，回路エディター画面右のツールバーのアイコンを選択する方法と，メニューから[配置]-[シンボルを追加]/[ワイヤーを追加]を選択する方法があります．このようにKiCadでは，機能を利用する手段が複数あることが多いです．

● シンボルを配置する

回路で使う部品の回路図記号を配置します．KiCadではシンボルを回路図記号として使います．シンボルは記号としての見た目の情報のほか，各ピンの電気的なタイプ（入力や

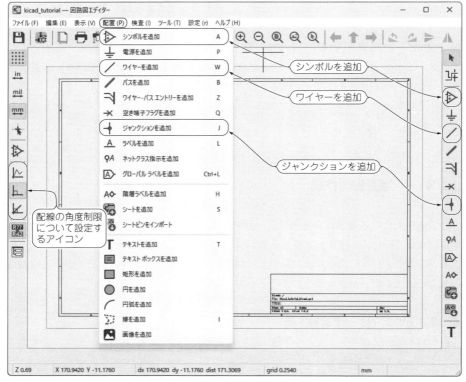

図4 回路図エディターの画面
[シンボルを追加]と[ワイヤーを追加]の機能を利用して回路図を描く．なお，インストール後の初期状態では画面左側にパネルが表示されている．

出力など，それぞれのピンがどのように使われるかの定義)，個々の部品としての定数などの情報も含んでいます．

図4で[シンボルを追加]を選択すると，「シンボルを選択」ダイアログが表示されます（図5）．シンボルは，ライブラリ（複数のシンボルのデータを収集したファイル）ごとにグループ化されています．ここから回路図で使うシンボルを選択します．

「シンボルを選択」ダイアログのテキスト・ボックスに部品の名前を入力すると，該当するシンボルだけが絞り込んで表示されます．一覧から配置したいシンボル名を選択して[OK]ボタンを押すと，ダイアログが消えて未配置のシンボルが表示されます．回路図上の任意の場所をクリックして，シンボルを配置します．

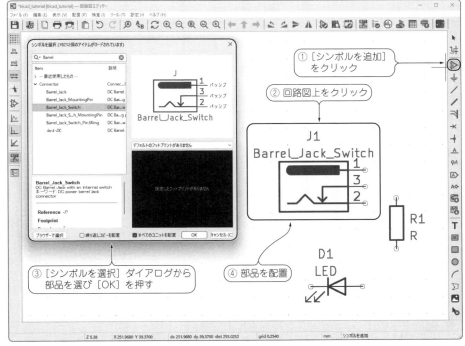

図5 シンボルを配置する一連の流れ

表1 使用するシンボル

部 品	シンボル ライブラリ	シンボル
DCジャック	Connector	Barrel_Jack_Switch
抵抗	Device	R
LED	Device	LED

今回の回路ではBarrel_Jack_Switch，R，LEDを配置します．Barrel_Jack_SwitchはConnectorに，R，LEDはDeviceのシンボル ライブラリに収録されています(**表1**)．シンボルをすべて回路図上に置けたら，本作業は完成です．

● 配線する

配線は，[ワイヤーを追加]で行います．シンボルにはワイヤーを接続できる端子が小さな丸マーク(○)で表示されています．この小さな丸マーク同士をワイヤーで配線します．

[ワイヤーを追加]を選択した状態で回路図をクリックすると，緑色の線が表示されます．

3―回路図の作成

端子の先の小さな丸をクリックして配線を開始し，配線を曲げるところで再びクリックします(**図6**)．接続先の丸に合わせてクリックすることで配線を完了します．配置したシンボル間で必要な配線をすべて描けたら作業は完了です．

端子(配線)の先端に丸マーク(または四角マーク)が残っている場合は，端子が接続されていません(**図7**)．慎重に確認します．

Column 1

配線にまつわるTips

● **配線を接続する(ジャンクションを配置する)**

KiCadの回路図エディターでは，単に交差しているだけの配線は，接続していないとみなされます．配線同士を接続するためには，交点に「ジャンクション」(●マーク)を配置します(**図A**)．

T字に配線を行った場合やシンボルの端子に重ねて配線した場合など，配線を接続するべきだとツールが判断できた場合は，回路図エディターが自動的にジャンクションを配置します．

交差させた配線を接続したい場合は，図4の[ジャンクションを追加]アイコンを選択して回路図エディター上をクリックすることで，接続したい場所にジャンクションを配置できます．

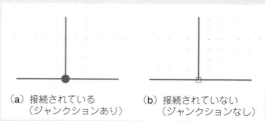

図A 交差する配線はジャンクションで接続する　　(a) 接続されている(ジャンクションあり)　　(b) 接続されていない(ジャンクションなし)

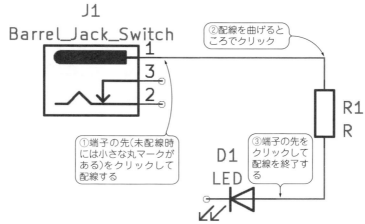

図6 シンボル間の配線を行う

● 斜めに配線する

　回路図エディターのデフォルトの設定では，配線は垂直または水平方向にしか行えないように設定されています．回路図エディターの左のツールバーに配線の角度制限を設定するアイコンがあり，デフォルトでは「描画とドラッグを垂直方向か水平方向に制限」アイコンが選択されています(**図4**)．「描画とドラッグの操作を水平，垂直，45度に制限」や「任意の角度で描画とドラッグ」を選択することで，45度(斜め)の配線や，角度の制限がない配線が可能になります．

● グリッドに合わせて再配置する

　配線を行った後にグリッド(配置・配線の基準にできる画面上の目盛り)の設定を切り替えた場合，配線がグリッドにそろっていないことがあります。このような場合は配線やシンボルのコンテキスト・メニュー（右クリックすると表示されるメニュー）にある「グリッドに揃える」を実行すると，現在のグリッドに合わせて位置を移動できます．

● 配線を色分けする

　配線の色は回路図エディターで指定した色になっていますが，配線のプロパティ（右クリックしてコンテキスト・メニューから選択する）で，好きな色を付けることができます．例えば，電源の配線と信号の配線を色分けすることで，回路の意図を明確に表現できます．

(a)接続されている(OK)　　(b)接続されていない(NG)　　(c)接続されている(これでもOK)

図7　端子の接続例
端子の先の○をぴったりクリックして接続すると，(a)のように○が消えて接続された状態になる．(b)のように○が残った状態だと接続されていない．(c)は配線のクリック位置がややずれている(配線の先に□が残っている)が，端子の先が接続された状態(●)になっているので接続されている．

4 ── ルール・チェッカー ERCで回路のエラーがなくなるまで修正

KiCadには作成した回路の電気的な妥当性をチェックする「エレクトリカル ルール チェッカー（ERC：Electrical Rule Checker）」の機能があります．ERCはシンボルが持っている各ピンの入出力の属性情報から，未接続やシンボルが想定していない接続などの間違いを検出する機能です．

回路が出来上がったら必ずERCを実行します．ERCで指摘があるときは作成した回路図に問題があるので，そのまま基板を作っても正しく動かない可能性があります．間違いがあれば修正してから次の作業に進みます．

● ERCの実行とエラーの修正

ERCは，メニューの[検査]-[エレクトリカル ルール チェッカー（ERC）]，または画面上部のツールバー（**図8**）にあるアイコンを選択します．「エレクトリカル ルール チェッカー（ERC）」のダイアログが表示されるので，[ERCを実行]ボタンをクリックします．

ERCを実行すると，回路図上の接続に問題があればエラー・メッセージが表示され（**図9**），問題がある箇所に矢印でチェックが入ります（**図10**）．ERCで指摘された問題を，1

図8　回路図エディターの上部ツールバー（一部）

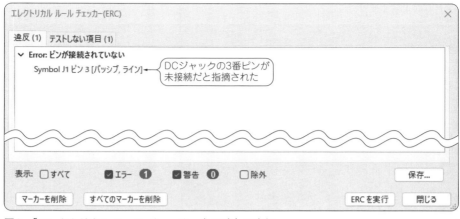

図9 「エレクトリカル ルール チェッカー(ERC)」の実行
DCジャックの3番ピンが未接続だというエラーが表示されている．指摘された箇所を修正し，再度ERCを実行する．エラーがなくなるまで修正を繰り返す．

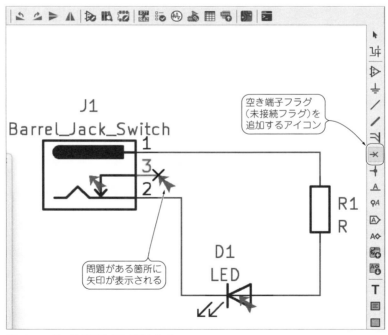

図10 エラー箇所が矢印で示される

4 — ルール・チェッカーERCで回路のエラーがなくなるまで修正

つずつ修正します.

● 未接続エラーを解消する

　図9では，DCジャックの3番ピンが未接続だというエラーが表示されています．このピンはプラグの抜き差しを検出する端子で，この回路では未接続のままで問題ないのですが，そのことを明示しないとERCエラーになります.

　右ツールバーにある[空き端子フラグを追加]アイコン(**図10**)を選択し，空き端子フラグ(未接続フラグ)をピンに配置することで,未接続のピンであることを明示的に示します.空き端子フラグを配置して再度ERCを実行すると，エラーが解消します.

第3章

はじめてのプリント基板作り②…基板の配線パターンを作る

1 ── 部品の意味「シンボル」に部品の形「フットプリント」を割り当てる

● 基板レイアウトに必要な回路図エディターでの準備

回路図エディター上に置いた「シンボル」は回路に関連する情報は持っていますが，基板に配置する部品の端子の形状などの情報は持っていません．シンボルとしては同じ記号でも，実際に使われる部品の形状はさまざまです．

一方で，PCBエディターでは，「フットプリント」を利用してレイアウトを行います．フットプリントとは，基板上に置かれる部品の取り付け穴や，はんだ付け用のパッド（はんだ付けができるように銅はく面が露出している部分のこと．ランドとも呼ばれる）などの，部品の端子の形状を含んだデータです．

PCBエディターで基板レイアウトを行うためには，基板に実装する部品を決定して，そのフットプリントを指定する必要があります．例えば2ピンのLEDにも，**図1**のようにさまざまなサイズや形状の異なるフットプリントがあるので，実際に使う部品に対応したフットプリントを選択します．

図1 部品の形状によってフットプリントは異なる
同じLEDの記号に対応するフットプリントが複数存在する．

● **実際の操作**

図2に示すメニューの[ツール]-[フットプリントを割り当て...]，または画面上部のツールバーのアイコンを選択すると，図3に示す「フットプリントを割り当て」のウィンドウが開きます．このウィンドウで，作成した回路図に含まれるシンボルに，フットプリントを割り当てます．

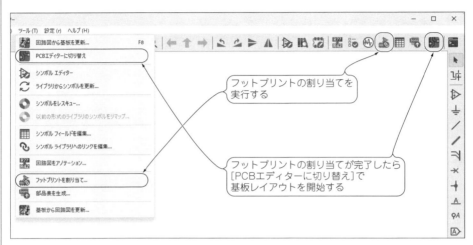

図2 シンボルにフットプリントを割り当てる操作

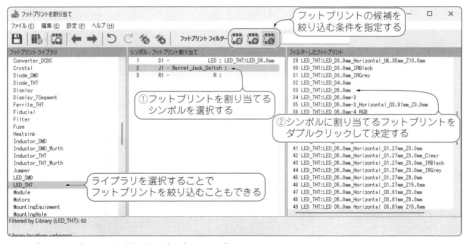

図3 「フットプリントを割り当て」ダイアログ

ウィンドウの左側に，現在読み込まれているフットプリント ライブラリ（複数のフットプリントのデータを収録したファイル）が一覧表示されています．

ウィンドウの中央にあるのが，回路図に配置したシンボルの一覧です．この一覧から設定したいシンボルを選択して，右側に表示されたリストの中から該当するフットプリントをダブルクリックし，割り当てを行います．右側のリストには，読み込まれているすべてのフットプリントのうち，フィルターの条件で絞り込んだ候補が表示されます．

あらかじめフットプリント ライブラリを選択してフットプリントを絞り込みたい場合は，ウィンドウの左側の一覧からフットプリント ライブラリを選択します．

ここでは各シンボルに対して，フットプリントを**表1**のように割り当てます．

図3の上部にある「フットプリント フィルター」は重ねてかけることができます．ライブラリの分類に従ってフットプリントを選択する場合は，[ライブラリでフットプリントの一覧を絞り込み]だけをクリックします．ピン数によるバリエーションが多いフットプリント ライブラリ（ICのパッケージであるPackage_DIPや，ピン・ヘッダなどが収められているConnector_PinHeader_2.54mmなど）では，[ピン数でフットプリントの一覧を絞り込み]を有効にすると効率的です．

表1　シンボルに割り当てるフットプリント

リファレンス指定子	シンボル	フットプリント ライブラリ	フットプリント
J1	Barrel_Jack_Switch	Connector_BarrelJack	BarrelJack_Horizontal
R1	R	Resistors_THT	R_Axial_DIN0207_L6.3mm_D2.5mm_P7.62mm_Horizontal
D1	LED	LED_THT	LED_D5.0mm

2 ── 基板レイアウト＆配線パターンの作成

● PCBエディターに切り替える

フットプリントの割り当てが完了したら，回路図は完成です．**図2**に示すメニューの[ツール]-[PCBエディターに切り替え]，または上部ツールバーのアイコンを選択して，基板レイアウトの作業を開始します．

基板レイアウトの作業では，回路図に基づいて部品の配置と配線を行い，基板製造サービスが製造できるプリント・パターンを作成します．KiCadでは，回路図エディターで作成した回路の情報（フットプリントと結線情報）を，PCBエディターに取り込めます．

2―基板レイアウト＆配線パターンの作成

● 回路の情報を基板データに取り込む

　PCBエディターを起動したら，図4に示すメニューの[ツール]-[回路図から基板を更新...]，または上部ツールバーのアイコンを選択して，回路の情報を基板データに取り込む更新作業を行います(図5)．この作業は，回路図エディターで回路を作成/変更した場合には必ず行います．

　ダイアログに表示される基板更新時のオプションは，作成中の基板データを回路図エディターの情報で上書きするかどうかを指定するものです．まだ基板データがない状態では，オプションの影響はありません．

　ダイアログにある[基板を更新]を押すと，回路の情報がPCBエディターに反映され，割り当てたフットプリントが画面に現れます(図6)．

● 部品フットプリントを適切な位置にレイアウト

　フットプリントを任意の位置に配置(移動)します．画面に表示されているそれぞれのフットプリントを右クリックしてコンテキスト・メニューから[移動]を選択し，配置したい場所をクリックします．回路図エディターでのシンボルの操作とほぼ同様です．

　フットプリントの向きを変えたい場合は，[左回転]や[右回転]，[配置面を変更/反転]

図4 「PCBエディター」を起動したら回路図の情報から基板を更新する

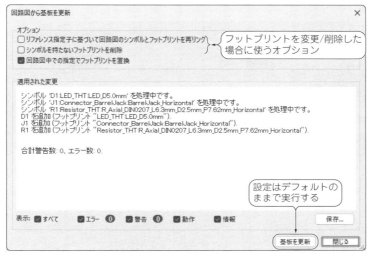

図5 「回路図から基板を更新」ダイアログ

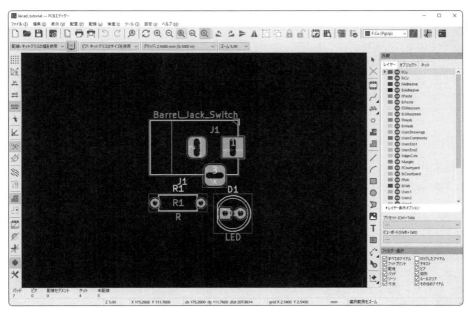

図6 PCBエディターの画面
回路の情報を取り込んだ直後の状態。フットプリントとラッツネスト（端子間の接続を示す白い直線）が表示される．

2―基板レイアウト＆配線パターンの作成

などの操作を行います.

● 基板外形を設定する

　フットプリントの配置が終わったら,基板の外形(サイズおよび形状)を決めて描画します.基板の外形は,Edge.Cutsレイヤーに描画します.

> レイヤーについて:
> 　PCBエディターのデータは,複数のレイヤー(層)で構成されています.よく使われるレイヤーを**表2**に示します.フットプリントのデータも,複数のレイヤーが合わさった形で構成されています.

　図7に示すように,PCBエディターの画面右側にある外観マネージャーの一覧から[Edge.Cuts]レイヤーを選択します.続けて,右のツールバーから[矩形を描く]アイコンを選択(または,メニューの[配置]-[矩形を描く]を選択)して,フットプリントを囲むように矩形(四角形)を描きます(対角となる2点をクリックする).

　外形は矩形に限らず,円や多角形などでもかまいません.ただし,閉じた図形になっていないとエラーが発生します.直線や円弧を組み合わせて外形を作る場合は,端点がつながっていることを確認します.

Column 1

基板外形を決めるコツ

　KiCadでは,作成できる基板の大きさに制限はありません.しかし,実際には製造を行うための条件によって制限されます.

　基板の製造装置としては,おおむね1メートル四方(1m×1m)が上限となる場合が多いようです.実際には製造コストとの兼ね合いで外形サイズを決めることになるでしょう.本稿執筆時点においては,100mm×100mm以内のサイズで廉価な設定を行っている基板製造サービスが多くあります.ほかに制約がなければ,この「100mm四方の矩形」を外形線としてもよいでしょう.小さく基板をまとめるほうが望ましい場合もありますが,実装密度が高くなって実装が大変になるなどトレードオフが発生します.

　筐体に組み込まれる基板であれば,外形は筐体の設計に合わせることになります.このような場合は,機械CADの設計データを基に外形線を作ることも可能です.形状が複雑でも価格設定は変わらない(縦横の最大サイズで決まる)サービスがほとんどです.

34　第3章——はじめてのプリント基板作り②…基板の配線パターンを作る

表2 代表的なレイヤー

レイヤー	役割
F.Cu	表面の導体層
B.Cu	裏面の導体層
F.Silkscreen	表面のシルクスクリーン層
B.Silkscreen	裏面のシルクスクリーン層
F.Mask	表面のはんだマスク層（ソルダ・レジスト層）
B.Mask	裏面のはんだマスク層（ソルダ・レジスト層）
Edge.Cuts	基板の外形

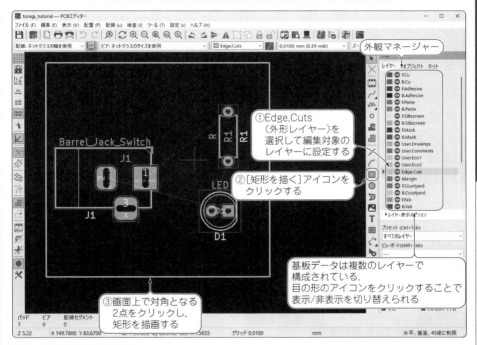

図7 基板外形(矩形)を描く

2―基板レイアウト＆配線パターンの作成　35

● 端子間の配線パターンを作る

フットプリントの配置と外形の設定ができたら，端子間を配線していきます．配線できるのは導体レイヤーだけなので，レイヤーは，F.Cu（表面の導体層）またはB.Cu（裏面の導体層）を選択します．今回の例ではスルーホール部品（リード線の足のある部品）を使うので，はんだ付けを行うのは基板の裏面です．B.Cuレイヤーを使って配線を行います．

> **ラッツネストについて**
>
> 図6や図7に示す，フットプリントの端子から引かれている細く白い直線が「ラッツネスト」です．ラッツネストは，回路図エディターで作成した回路の結線情報を参照して，PCBエディター上での配線が完了していない端子間の接続を示します．
>
> PCBエディター上で配線が完了すると，ラッツネストは表示されなくなります．未配線の端子間を配線してラッツネストがなくなれば，回路図の結線をすべて接続したプリント・パターンが作成できたことになります．

PCBエディターの右ツールバーの［単線を配線］アイコンを選択（または，メニューの［配線］-［単線を配線］を選択）し，ラッツネストが表示されている（未配線の）端子をクリックします．クリックした端子と接続されている端子がハイライトされるので，マウス操作で配線を曲げるところでクリックしながら，目的の端子まで接続します（図8）．

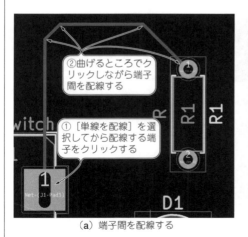

（a）端子間を配線する

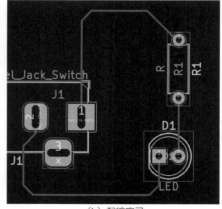

（b）配線完了

図8　基板の配線パターンを作成する

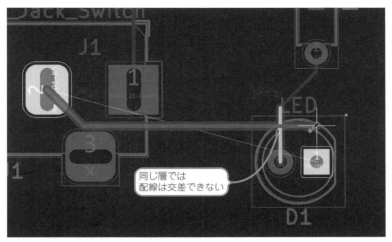

図9 配線に工夫が必要なケース

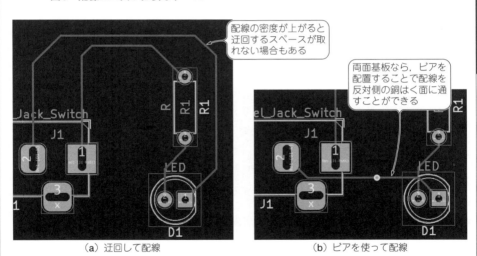

(a) 迂回して配線　　　　　　　　(b) ピアを使って配線

図10 同じ層で交差させずに配線した例

● 配線が交差するときの対処方法 —— 迂回または立体交差

図8に示す基板レイアウトの例では，問題なく配線が行えています．図9のような場合を考えてみます．すでに引かれている配線とラッツネストが交差しているので，配線するには工夫が必要です．このような場合は，迂回するか別の層を通して接続します．

大きく迂回して配線すれば，1つの層で交差しないようにできます［図10（a）］．しかし，この方法では実装密度が高くなり，スペースがない場合は対応できません．

2層基板の場合は，表面と裏面を使って立体交差のようにすることで，パターンが交わらないように配線できます［図10（b）］．プリント基板では「ビア（via）」という小さな穴を作って裏側に配線を通します．

一般に，プリント基板の各導体層（2層基板であれば表面と裏面）が導通している穴をスルーホールと言います．スルーホールは，プリント基板の製造工程で，ドリルで開けた穴の内側をめっきして，表面と裏面の導体層を接続します（図11）．スルーホールのうち，部品を挿入しない，層の間の導通を目的とした穴をビアと呼びます．部品を挿入するための穴は「部品穴」と呼びます．

● 貫通ビアを配置する

配線中に右クリックすると，配線のコンテキスト・メニューが表示されます．ここから［貫通ビアを配置］を選択するとビアの丸が表示されます．クリックで配置を確定します．ビアの丸を表示するには，配線中にホットキー［V］を押す方法もあります．コンテキスト・メニューは選択したときにカーソルが移動してしまうので，ホットキーを使ったほうが操作しやすいです．

ビアを配置すると，ビアから先の配線の色が変わります．これはビアを配置した時点で，配線が反対側（表側）の銅はく面の操作に切り替わるためです．表面の配線は，裏面の配線とは衝突しないので，交差して配線できます．

ユニバーサル基板でポリウレタン線を使って配線する場合は，複雑に立体交差した配線を作れますが，プリント基板の場合は導体層だけで配線を作ります．そのため配線が多く複雑になると，ビアを使って表と裏を行き来するようなプリント・パターンが多くなります．

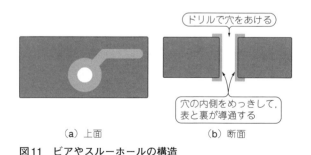

(a) 上面　　　　　　(b) 断面

図11　ビアやスルーホールの構造

3 ── ルール・チェックDRCで配線のエラーがなくなるまで修正

基板を製造するには，製造設備で加工可能なデータを作成する必要があります．基板の配線幅や間隔などについて，基板製造サービスで加工可能な仕様をデザインルール（設計ルール）として設定し，作成したデータがこの仕様に従ったものとなるようにします．

KiCadでは自動的にデザイン・ルール・チェック（DRC：Design Rule Check）が実行されており（リアルタイムDRC），ルールに違反する配線を行えないようになっています．配線を始める前にデザイン・ルールを設定しておくと（**図12**），効率的に作業できます．

● 制約（許容最小値）を設定する

PCBエディター画面の左のツールバーから使用する単位系（[mm]など）に切り替えた後，メニューから［ファイル］-［基板の設定…］を選択します．「基板の設定」ダイアログが

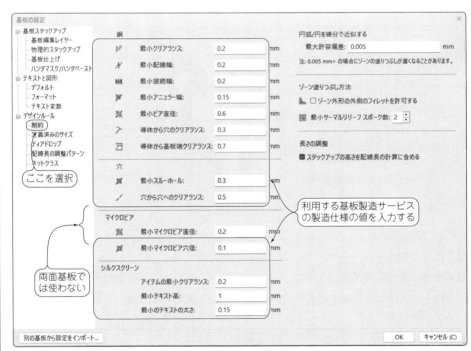

図12 デザイン・ルール（制約，許容最小値）を設定する

表3 許容最小値の設定値

たいていの基板製造サービスが対応可能なように,余裕を持たせた値にした例.

区分	項目	値	備考
銅	最小クリアランス	0.2mm	廉価な基板製造サービスではおおむね6mil(0.15mm)が最小.余裕を持たせた値にする.
	最小配線幅	0.2mm	
	最小アニュラー幅	0.15mm	余裕を持たせて配線幅相当の設定とした
	最小ビア直径	0.6mm	最小スルーホール径+アニュラー幅×2
	導体から穴のクリアランス	0.3mm	余裕を持たせた値.
	導体から基板端クリアランス	0.7mm	廉価な基板製造サービスではおおむね0.3mmが最小
穴	最小スルーホール(径)	0.3mm	ビア穴径.0.3mmのドリルは多くの製造サービスで利用可能
	穴から穴へのクリアランス	0.5mm	余裕を持たせた値. 廉価な基板製造サービスではおおむね0.3mmが最小
マイクロビア	最小マイクロビア直径	0.2mm	この例では使用しない(4層以上の基板で使う)
	最小マイクロビア穴(径)	0.1mm	
シルクスクリーン	アイテムの最小クリアランス	0mm	
	最小テキスト高さ	1mm	電気的な影響はない
	最小のテキスト太さ	0.15mm	

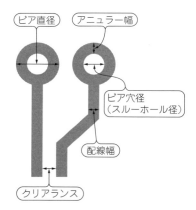

図13 [基板の設定]-[デザインルール]で設定するプリント・パターンの箇所

開くので,設定項目[デザインルール]-[制約]の各欄に,自分が使う基板製造サービスの製造仕様の値(最小配線幅や最小スルーホール径など)を入力します(**図12**).

　これらの設定(制約)はすべての配線に対して適用されます.DRCはこの設定値をもとにチェックを実行して,ルールに違反する配線ができないようにします.デザインルールの設定値の例を**表3**に,設定項目の箇所を**図13**に示します.

図14　ネットクラスの設定を行う

表4　ネットクラスの設定値の例

項　目	値	備　考
名前	Default	設定（ネットクラス）の名前． 設定が1種類のみの場合はDefaultを使用する． 設定を追加する場合は任意の名前を設定する
クリアランス	0.2mm	配線と配線の間隔
配線幅	0.25mm	配線の幅
ビアサイズ	0.8mm	ビアの直径． 余裕を持たせて穴径の2倍程度にする
ビア穴	0.4mm	ビアの穴径
uViaサイズ	0.3mm	uVia＝マイクロビアのこと．
uVia穴	0.1mm	この例ではマイクロビアを使わないので任意の値
DP幅	0.2mm	DP＝Differential Pair，差動ペアのこと．
DPギャップ	0.25mm	この例では差動ペアを使わないので任意の値

● **ネットクラス（配線幅やビアのサイズ）の設定**

　許容最小値を設定したら，ネットクラスの設定を行います．ネットクラスとは，配線幅とビアのサイズ（直径，穴径）を組み合わせた設定で，複数定義できます．ICの信号線と電源ラインのように，通す電流量の違いによって配線幅を変える場合は，それぞれの設定をネットクラスとして定義します．配線の設定を複数必要としない場合は，Defaultを設定します．

　「基板の設定」ダイアログの中の，設定項目[デザインルール]-[ネットクラス]から設定を行います（**図14**）．設定値の例を**表4**に示します．

● **デザイン・ルール・チェック（DRC）の実行**

　デザインルールの設定が終わったら，メニューから[検査]-[デザインルール チェッカー]を実行し，ダイアログの[DRCの開始]を押して実行します．

KiCadにはリアルタイムDRC機能があるので，エラーになる配線はできないようになっていますが，フットプリントを移動させた場合やデザインルールを変更した場合，自動配線機能でデータを取り込んだ場合はリアルタイムDRCが効きません．そのため，適宜，DRCを実行するようにします．

● 「3Dビューアー」による部品実装状態の確認

KiCadで作成した基板を3Dビューアーで表示できます．メニューから[表示]-[3Dビューアー]を実行すると表示されます(**図15**)．3Dビューアーは，フットプリントに3Dモデルを割り当てて，部品の実装状態を表示しています．画面上をマウスでドラッグ＆ドロップすることで，角度を好きなように変えて確認できます．

部品のサイズ感などは，ビューアーの表示と実物とで若干ギャップを感じる場合もありますが，部品の間隔や実装したときの部品の背の高さの感じなど，平面の基板データからではわかりづらいことを，3Dビューアーでは直観的に把握できます．

Column　2

設定値を決める際のポイント

● 制約（許容最小値）について

制約の値は，基本的には基板製造サービスの製造仕様の値をそのまま入力します．ただし，基板の製造・加工時に誤差が発生するので，余裕を持たせることはトラブルの予防にもなります．

表3で示した値は，多くの廉価な基板製造サービスで使える，多少余裕を持たせた値として設定しています．なお，この「制約」の値は，製造上の観点から加工可能な値です．電気的な性質からの制約でないことに注意してください．

● ネットクラスについて

ネットクラスは複数設定でき，必要に応じて所望の箇所だけネットクラスを切り替えられます．

スルーホール部品を使い，流れる電流が300mA程度の回路であれば，おおむね**表4**の設定で対応できます．表面実装部品で足のピッチが細かいICを使うときは，配線幅やクリアランスがより細い(狭い)ネットクラスを追加します．モータ・ドライバなど数A以上の電流が流れるプリント・パターンが必要なときは，太い配線のネットクラスを追加します．

第3章——はじめてのプリント基板作り②…基板の配線パターンを作る

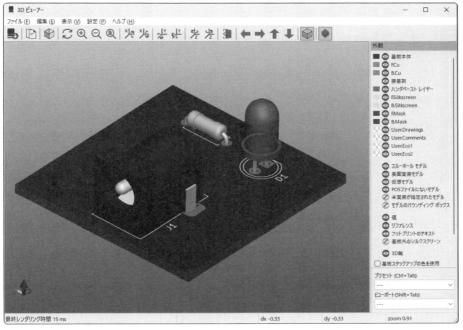

図15 作成した基板を3Dビューアーで表示

3—ルール・チェックDRCで配線のエラーがなくなるまで修正

第1部 KiCadプリント基板設計入門

第4章

はじめてのプリント基板作り③…
プリント基板の発注＆完成

　オンラインで基板製造を発注できるサービスはさまざまあり，詳細は各社で異なります．ここでは一般的な設定を紹介します．Appendix 1にいくつか代表的な製造サービスを紹介しています．

1 ── 基板の製造用データの出力

　基板製造サービスにプリント基板を発注するための製造データを出力します．プリント基板製造用のデータとして，ガーバ・データとドリル・ファイルを送付します．

● ガーバ・データとは

　ガーバ・データはプリント・パターンを製造するためのデータ，つまり導体層の部分を製造するためのデータです．ガーバ・データはもともと，フィルムに基板のパターンを露光するためのフォトプロッタという装置を制御するためのデータでした．Gerber Systems社（現在のUcamco社）のフォトプロッタの制御データで，その社名からガーバ・データと呼ばれています．現在は拡張ガーバ・フォーマットと呼ばれるRS-274Xが標準的な形式として使われています．

　RS-274Xはモノクロ，ベクタの画像としての表現力を備えており，プリント・パターンだけでなくシルク印刷や基板外形の定義など，基板製造プロセスにおける標準的な画像フォーマットとして使われています．

● ドリル・ファイルとは

　文字どおりドリル加工用のデータ・ファイルです．こちらもExcellon社のドリル・マ

第4章──はじめてのプリント基板作り③…プリント基板の発注＆完成

シン用のデータが事実上の業界標準として、Excellonフォーマットと呼ばれています。ドリル・ファイルには、ドリルの穴の座標と径の情報が格納されており、このデータの指示に従って、ドリル・マシンで基板の穴開け加工を行います。

● プロットの実行

PCBエディターのメニューから[ファイル]-[プロット...]を実行して製造ファイルを出力します。図1のダイアログにある[プロット]でガーバ・データを出力します。ドリル・ファイルも併せて出力する必要があるので、[ドリル ファイルを生成...]のボタンを押して、図2のダイアログを開き、このダイアログの[ドリル ファイルを生成]ボタンを押してファイルを出力します。ガーバ・データ、ドリル・ファイルのいずれも基板製造サービスの指示に従って設定を行います。

設定内容は、利用する基板製造サービスによって若干異なります。

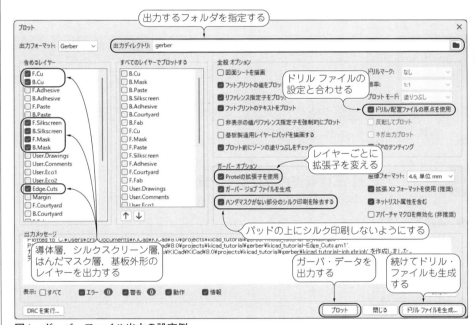

図1 ガーバ・ファイル出力の設定例

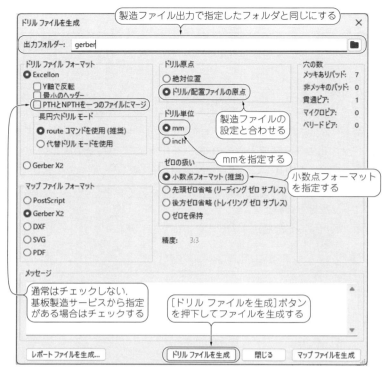

図2 ドリル・ファイル生成の設定例

2 — プリント基板製造のオンライン発注

● 送付する製造ファイルをまとめる

基板製造サービスの指定する様式に合わせてファイルを準備します．

インターネットから発注できる多くのサービスでは，拡張子によって製造ファイルの使われ方が決まっているので，指定された拡張子を付けてzipファイルにまとめます．**表1**にその例を示します．

図1で［Protelの拡張子を使用］にチェックを入れてプロットを実行した場合は，各ファイルの拡張子は**表1**のようになります．製造サービスの規定で異なるファイル名や拡張子が指定されている場合はそれに合わせてファイル名を修正します．ファイル名を変更したら，これらを1つのzipファイルにまとめます．

表1　ガーバ・データの拡張子と対応するレイヤーの例

拡張子	対応するレイヤー
gto	表面のシルクスクリーン層
gts	表面のはんだマスク層
gtl	表面の導体層
gbl	裏面の導体層
gbs	裏面のはんだマスク層
gbo	裏面のシルクスクリーン層
gml	外形レイヤー
drl	ドリル ファイル．NPTH はメッキなしの穴，PTH はメッキ穴

● 発注時に指定する項目

製造ファイルが準備できたら，基板製造サービスのウェブ・サイトにファイルをアップロードし，仕様を指定して発注します(図3)．以下に，インターネットで基板製造を依頼するときに入力する主な項目を示します．

▶ 基板の層数(層構成)

基板の層数とは銅はく面の数です．KiCadで設定した層数と同じに設定します．片面基板なら1層，両面基板なら2層です(図4)．それ以上の多層基板は4層，6層のように，銅はくの面が増えます．

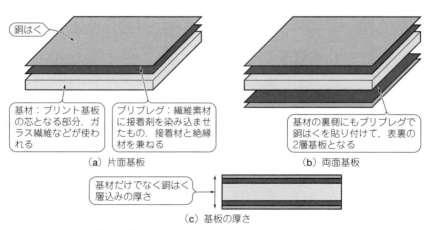

(a) 片面基板　　(b) 両面基板

(c) 基板の厚さ

図4　銅はく面の数が基板の層数になる

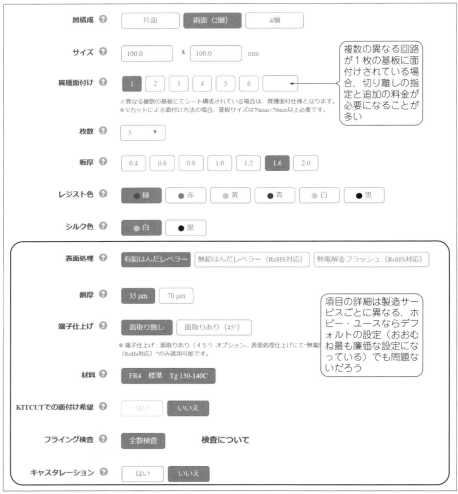

図3 基板製造サービスへの発注時に指定する項目の例(KITCUT PCBのウェブ・フォームより)

▶ 基板厚(板厚)

基板厚(あるいは板厚)は基板の厚さです.基材だけの厚さではなく,銅はくなどの層を含んだ厚さになります.

▶ レジスト色とシルク色

プリント基板が緑色なのは，緑色のソルダ・レジスト（はんだマスク）で塗られているためです．ソルダ・レジストは，基板のパッド以外の部分にはんだが付かないようにするための保護膜です．色は緑色が一般的ですが，最近では緑色以外のソルダ・レジストも使われています．

シルク印刷はソルダ・レジストが塗られた上に印刷されます．シルク印刷色はソルダ・レジストの色と合わせて，見やすい配色になるものを選びます（白色が一般的）．

3 ── 基板が届いたら部品をはんだ付け

基板製造サービスから届いた基板が第2章の写真1です．あとは，部品を入手して，基板に部品をはんだ付けすれば完成です．

● 部品の入手

この基板では，3つの部品（LEDと抵抗、DCジャック）を使用しています．表2に部品の例を示します．同等の汎用部品でも問題ありません．

● はんだ付け

基板に部品をはんだ付けします．簡単な回路なのでトラブルになる箇所は少ないですが，はんだ付けの基本的な手順を押さえて実装を行います．

表2 基板に実装する部品の例

種 別	仕 様	部品の例
抵抗	1kΩ 1/4W（本体の長さが6mm程度のもの）	CF1/4CT52R102J（KOA）
LED	5mm 砲弾型	NSPW500CS（日亜化学）
DCジャック	外径5.5mm，内径2.1mm	MJ-179P（マル信無線電機）

背の低い部品からはんだ付けを行っていくと作業が行いやすいです．また，マスキング・テープなどで部品を部品実装面（表面）から仮止めすると，はんだ付けがやりやすくなります（写真1）．さらに，万力やはんだ付けヘルパーなどの基板を固定できる装置があると便利です．

4 —— 動作確認

　部品の実装が完了したら，テスタで導通確認を行います．このとき，プリント基板のパターンだけの導通確認にならないように注意します．部品実装面(表面)に見えている部品の足同士の導通を確認するのが確実でしょう(**写真2**)．

　部品同士の導通が確認できたら，ACアダプタ(プラグは外径5.5mm，内径2.1mm，センター側が+のもの)を接続します．ACアダプタを接続すると，LEDが点灯します．

　内径2.1mmのACアダプタはごく一般的なACアダプタです．家電製品に付属しているものの多くがこのタイプで，サイズが合えばおおむね使用可能です．表2に示した仕様の部品を実装した場合，出力電圧が15V以下であれば使用可能です．ただし，センター側が－のACアダプタ(あまり一般的ではないが，楽器のエフェクタ用などにある)は使用しないでください．

　消費電流はごく微小なので，アンペア数については指定はありません．

＊　＊　＊

　本章では基板製作の初めの一歩として，最小限の構成の基板を例にしました．実際にKiCadで基板を設計するときの回路図作成や基板レイアウトの主要な作業は，ここで扱った内容でほとんどカバーできます．

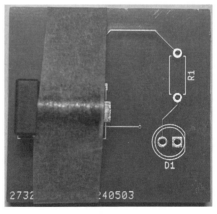

写真1　部品を仮固定するとはんだ付けしやすい

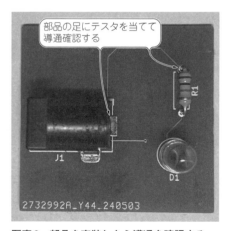

写真2　部品を実装したら導通を確認する

第1部　KiCadを使った実際のプリント基板設計入門

Appendix 1

プリント基板製造のオンライン発注先

KiCadで出力できるガーバ・データは基板製造に使われる標準的なデータで，多くの製造サービスで利用することができます．ただし，製造サービスによってガーバ・データ出力時のオプションの指定や，データの格納形式に指定があります．

ここでは，日本でも人気のあるいくつかのサービスを例に，KiCadの対応についての情報をまとめます．KiCadのデフォルトから変更が必要な，主だった注意事項を記載しています．各サービスごとの詳細なデータ出力の指定については，それぞれのサービスの指示に従ってください．

1 ─ P板.com(ピーバンドットコム)

国内の高品質基板製造サービスです．製品開発の実務で求められる品質と，実績に基づくサポートに強みがあります．

https://www.p-ban.com/

● KiCadへの対応

KiCadからガーバ・データを出力する方法について，手順を解説した記事があります．また，KiCadを使った動画でのチュートリアルを提供しています．

https://www.p-ban.com/gerber/kicad.html
https://www.p-ban.com/movie/text_book/

ガーバ・データについて，「Protelの拡張子を使う」を指定し，[拡張X2フォーマット

1─P板.com(ピーバンドットコム)　51

を使用]のチェックを外す必要があります．ドリル・ファイルについて[PTHとNPTHを一つのファイルにマージ]の設定が必要です．別途，製造指示書の作成が必要になります．

また，1クリックで見積もりを送れるKiCad用のプラグインを用意しています．

https://www.p-ban.com/others_cad/kicad_plugin.html

2 ── JLCPCB

深センの廉価な基板製造サービスです．

https://jlcpcb.com/jp/

● KiCadへの対応
発注用のデータを作成できるKiCad用のプラグインを用意しています．

3 ── FusionPCB

深センの廉価な基板製造サービスの，草分け的な存在です．

https://www.fusionpcb.jp/

● KiCadへの対応
KiCad向けのデータ出力方法の解説記事を提供しています．

https://www.fusionpcb.jp/blog/?p=1178

ガーバ・データについて，「Protelの拡張子を使う」を指定し，[拡張X2フォーマットを使用]のチェックを外す必要があります．ドリル・ファイルについて[PTHとNPTHを一つのファイルにマージ]の設定が必要です．

4 ── KitCutLabo

深センの廉価な基板製造サービス(利全香港)です．日本語によるサポートが充実してい

ます．発注のページもシンプルで扱いやすいものになっており，初めての発注でも安心して利用できます．

> https://kitcutlabo.com/

● KiCadへの対応

ガーバ・データの出力方法，発注方法について解説記事を提供しています．また，KiCadの使い方についてもチュートリアルを提供しています．

> https://kitcutlabo.com/gerber-data-output-kicad/
> https://kitcutlabo.com/category/kicad-5-1/

ガーバ・データについて，「Protelの拡張子を使う」を指定し，［拡張X2フォーマットを使用］のチェックを外す必要があります．ドリル・ファイルについて［PTHとNPTHを一つのファイルにマージ］の設定が必要です．ファイルの格納時に拡張子の修正が必要です．

第5章

Arduino互換マイコン基板の自作①…回路図を作る

　第5章～第7章では，第2章～第4章より回路規模の大きい実用的な基板を製作例として，KiCadの機能と使い方を紹介します．題材は「Arduino互換マイコン・ボード」です．電源回路は省略し，USB給電で動作させるボードとします．本ボードの設計データは，本書の付属DVD-ROMに収録してあります．

1 ── 製作する回路と基板

● ベースにするArduino回路

　実用的な基板の例として「Arduino互換マイコン・ボード」を製作します(**写真1**)．Arduinoボード「Arduino Duemilanove(2009)」の回路(**図1**)を基に，電源回路を省いて設計を簡略化しました(USBからの5V給電で動作させる)．

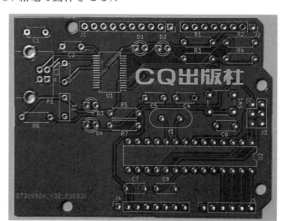

写真1　製作した「Arduino互換マイコン・ボード」

第1部 KiCadプリント基板設計入門

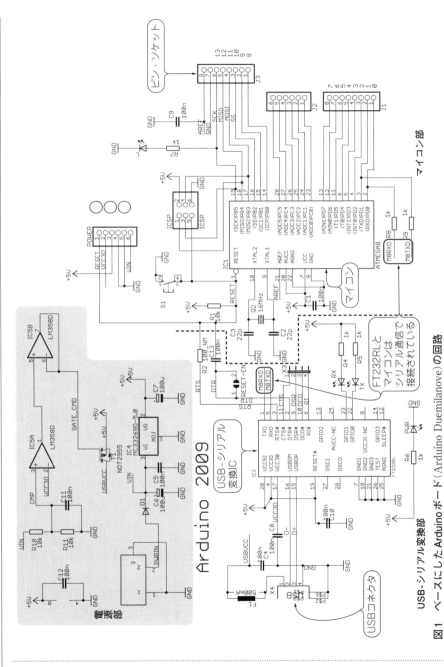

図1 ベースにしたArduinoボード（Arduino Duemilanove）の回路
Arduinoボードは回路図が公開されている．Duemilanoveの回路図は以下のURLから参照できる．
https://www.arduino.cc/en/uploads/Main/arduino-duemilanove-schematic.pdf

1—製作する回路と基板

Arduino Duemilanoveを選んだ理由は，使っている部品が入手しやすく，自分で改造するためのベースとしやすい作りになっているからです．設計の中核となるマイコンの部分は，定番のArduino Uno R3と同じです．最新のArduinoの開発環境でもサポートされており，実用のうえではUno R3とほぼ変わりなく使えます．

● 回路の構成

Arduino Duemilanoveの回路を図1に示します．機能の中核となる部品はATmega328マイコン（マイクロチップ・テクノロジー）と，USB-シリアル変換ICであるFT232RL（FTDI社）です．

マイコン・ボードといっても，ArduinoはATmega328マイコンそのものです．マイコン動作に必要となる水晶振動子とバイパス・コンデンサが接続され，使える端子はすべて基板上のピン・ソケットに配線が引き出されています．FT232RLとATmegaマイコンの間は，シリアル通信（M8RXD，M8TXD）でつながっています．

FT232RLはUSBからの通信をシリアル通信に変換して，Arduinoの開発環境（パソコン）からATmegaマイコンにプログラムを送る機能を担っています．Arduinoのブートローダのプログラムは，シリアル通信で受信したプログラムをマイコン自身のフラッシュ・メモリの領域に書き込む機能を持っています．このため，パソコンからシリアル通信でプログラムを送る回路を用意すれば，簡単にプログラムを書き換えて実行することができます．デバッグ用のアダプタを使わずに簡単にプログラムを書き込めることは，Arduinoの大きな特徴となっています．

このように，Arduinoとは，「ATmega328マイコンに，シリアル通信経由でプログラムを書き込む機能を付加して1つの基板に実装したもの」と言えます．構成を大まかに分けると，図2のように考えることができます．

2 ── KiCadの回路図を作る

● 製作する基板の回路

手本となるArduino Duemilanoveの回路をKiCadで書き直すと図3のようになります（電源回路は省いた）．

KiCadには回路図を分割して階層化する機能があります．回路の規模が大きい場合は，回路図を分割したほうが見通しが良くなります．この作例でも，回路図を図4のように分割・階層化しました．使用した部品一覧を表1に示します．

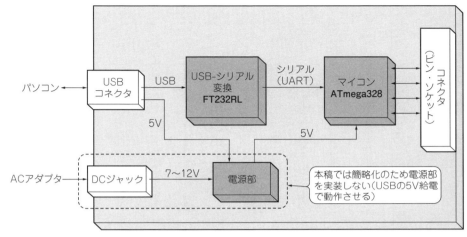

図2 Arduino 互換マイコン・ボードの回路構成…ACアダプタ入力回路は割愛する

表1 簡易版 Arduino 互換マイコン・ボードの部品表

リファレンス指定子	値	フットプリント
C1,C2,C3,C6,C7,C8	100n	Capacitor_THT:C_Disc_D4.7mm_W2.5mm_P5.00mm
C4,C5	22p	Capacitor_THT:C_Disc_D4.7mm_W2.5mm_P5.00mm
D1,D2,D3,D4	LED	LED_THT:LED_D3.0mm
F1	500m	Capacitor_THT:C_Disc_D7.0mm_W2.5mm_P5.00mm
H1,H2,H3,H4	M3	MountingHole:MountingHole_3.2mm_M3
J1	Digital1	Connector_PinSocket_2.54mm:PinSocket_1x10_P2.54mm_Vertical
J2	Digital0	Connector_PinSocket_2.54mm:PinSocket_1x08_P2.54mm_Vertical
J3	ICSP	Connector_PinHeader_2.54mm:PinHeader_2x03_P2.54mm_Vertical
J4	Power	Connector_PinSocket_2.54mm:PinSocket_1x08_P2.54mm_Vertical
J5	AnalogIn	Connector_PinSocket_2.54mm:PinSocket_1x06_P2.54mm_Vertical
P1	USB_B	Connector_USB:USB_B_OST_USB-B1HSxx_Horizontal
R1,R2,R3,R4,R6,R7	1k	Resistor_THT:R_Axial_DIN0207_L6.3mm_D2.5mm_P7.62mm_Horizontal
R5	10k	Resistor_THT:R_Axial_DIN0207_L6.3mm_D2.5mm_P7.62mm_Horizontal
SW1	RESET_SW	Button_Switch_THT:SW_PUSH_6mm
U1	FT232RL	Package_SO:SSOP-28_5.3x10.2mm_P0.65mm
U2	ATmega328P-P	Package_DIP:DIP-28_W7.62mm
Y1	16MHz	Crystal:Crystal_HC49-4H_Vertical

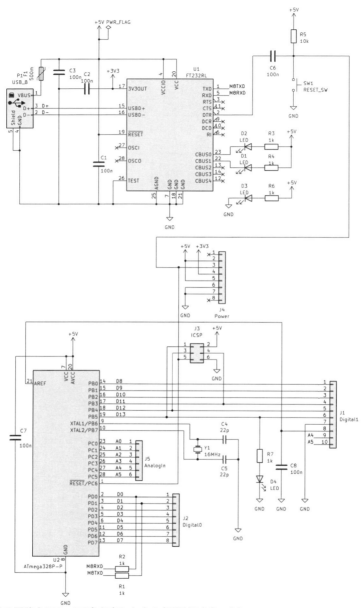

図3 元の回路をKiCadで書き直したもの（電源部は省いた）

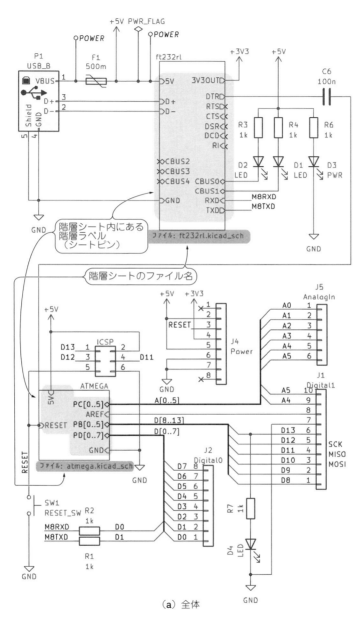

(a) 全体

図4 改良した回路図（図3を分割・階層化した）

2—KiCadの回路図を作る

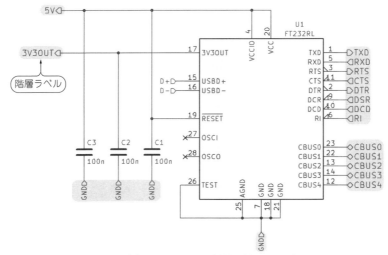

(b) USB-シリアル変換部（階層シート）

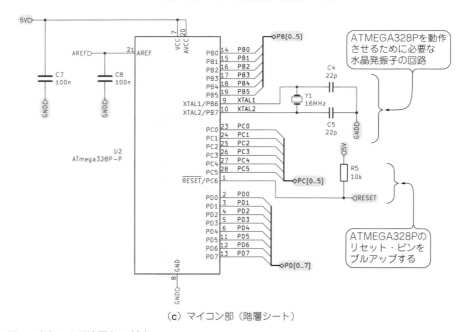

(c) マイコン部（階層シート）

図4　改良した回路図（つづき）

なおここでは，Arduino Uno R3のコネクタの仕様に合わせるため，コネクタJ1にピン9とピン10を，コネクタJ4にピン1とピン2を追加しています[Duemilanove回路図のコネクタJ4のピン1, 2, 3, …が，図4(a)のコネクタJ4のピン3, 4, 5, …に対応している].

● 回路全体［図4(a)］

回路全体を示しているのがこの図です．USB-シリアル変換部とマイコン部をそれぞれ別の回路図として階層化したので，図3と比べてすっきりした図になっています．

● USB-シリアル変換部の回路［図4(b)］

USB経由でパソコンとFT232RL(USB-シリアル変換IC)を接続すると，パソコンからはマイコン・ボードがCOM1などのシリアルポートに接続されているものと認識されます．これを使って，パソコン(Arduinoの開発環境)からマイコン(ATmega328)にプログラムを転送します．

FT232RLは，電源の端子にバイパス・コンデンサを付けてUSBのコネクタと接続すれば，USB-シリアル変換機能を動作させることができます．

● マイコン部の回路［図4(c)］

ATmegaマイコンを動作させるには，クロックを供給するために水晶振動子とコンデンサを接続する必要があります．また，RESETピンにプルアップ抵抗を，電源ノイズによる誤動作を抑止するため電源ラインにバイパス・コンデンサを接続します．その他のピンはArduinoのコネクタに出して使えるようになっています．

3 ── 回路図の作成によく使う機能

作業の流れ自体は，第2章〜第4章と同じです．本章では，規模の大きな回路図を作成する際に役立つ，実用的な機能を紹介します．

● その1：配線に名前を付けて接続を示す

KiCadでは，「ラベル」の機能で配線に名前を付けることができます．同じラベルが付けられた配線は，線が直接つながっていなくても接続されているものとして扱われます．例えば図5(a)では，すべての接続に対して電源とGNDの接続を線で書き込んでありますが，図5(b)のようにラベルを使うことで，回路図を簡潔に描くことができます．

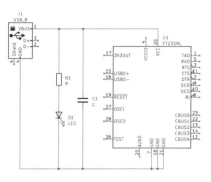
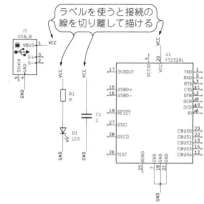

(a) ラベルを使わないで配線する場合　　　　(b) ラベルを使って配線する場合

図5　配線に名前を付けると線を描画しなくても接続を示せる
ラベルを使わないと，すべての接続を線で表現するので実体配線図のようになってしまう．ラベルを使うことで，意味のあるまとまりごとに分割するなど自由な描き方ができる．

ラベルには「ラベル」，「階層ラベル」，「グローバル ラベル」の3種類があります．いずれのラベルにも，配線に名前を付ける機能と，同じ名前の配線は接続されるという機能があります．この3種類のラベルには，接続される範囲に違いがあります(**図6**)．

- **(通常の)ラベル**：同じ回路図の中にある同名のラベルが，すべて接続されたものとして扱われる．別の回路図(階層シート)の同名のラベルとは接続されない
- **階層ラベル**：階層シート内の配線を上位の階層シートから接続できるようにする
- **グローバル ラベル**：回路図をまたいで同名のラベルと接続される

● その2：回路図の分割・階層化

KiCadでは，回路図を分割して階層化することができます．回路図を機能ごとに分割して作成することで，大きな回路を見通し良く扱うことができます．

今回，例とするArduino互換マイコン・ボードの機能は，USB-シリアル変換部とマイコン部の2つに分けて考えることができます．この機能の分割に沿って，回路図の階層化を行います．**図4**(a)が回路図の全体像です．この図には，USB-シリアル変換部とマイコン部の階層シートが追加されています．それぞれの階層シート内で作成した回路図が**図4**(b)と**図4**(c)です．

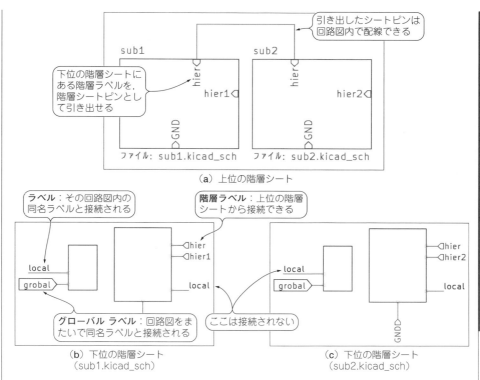

図6 ラベル(3種類)の接続範囲の違い

▶ 階層シートの追加方法

回路エディター画面右のツールバーにある[シートを追加]アイコンを選択(または, メニューから[配置]-[シートを追加]を選択)して, 回路図画面中に矩形を描く(対角となる2点をクリックする)と, 階層シートを配置します(**図7**).

作成した階層シートをダブルクリックすると, 階層のシートの中に入ります. [Alt]+[BackSpace]キーを押す, もしくは上ツールバーの[シートを抜ける]の操作で1つ上の階層に遷移します.

▶ 階層シート間を接続する「階層ラベル」

階層シートの中から外側(上位の階層の回路図)と接続する配線には,「階層ラベル」を接続します. 階層ラベルは**図7**の右ツールバーの[階層ラベルを追加]アイコンで配置できます. 追加した「階層ラベル」は, 上位のシートから[シートピンをインポート]の操作で

3—回路図の作成によく使う機能

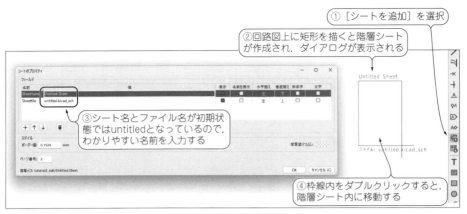

図7 階層化回路図を作成する(階層シートを追加する)

引き出すことができます．

▶ **上位のシートから階層ラベルを付けたピンを引き出す**

階層ラベルを配置したシートを抜けて上位のシートに移動し，右ツールバーから[シートピンをインポート]アイコンを選択します．この状態で階層ラベルを配置した階層シートの枠内をクリックすると，階層ラベルに対応する「シートピン」が枠線の内側に現れます(**図8**)．複数の階層ラベルがある場合は，この操作を繰り返し実行します．引き出したシートピンは，シンボルの端子と同様に配線することができます．階層シートピンに配線を接続すると，階層シート内部にある階層ラベルに接続されたものとして扱われます．

● **その3：バス配線**

複数の信号をまとめて扱う場合には，「バス」の機能を使って配線を行うのが便利です．ここでは，ATmegaマイコンからコネクタに接続するピンをまとめてバスとして配線を引き出し，それに階層化ラベルを付けます．階層シートの外に引き出す配線の数が多くても，バスを使うことで，すっきりとした図にすることができます．

▶ **配線方法**

バスの配線を行う際には，[バスの追加]でバスの太線を配置するとともに，[ワイヤー-バス エントリーを追加]を使って，バスに含める配線をバスに接続します(**図9**)．斜めの線として表現される「配線エントリー」の一方の端をワイヤーに，もう一方をバスに接続します．バスから配線を引き出す場合も，同様に[ワイヤー-バス エントリーの追加]で

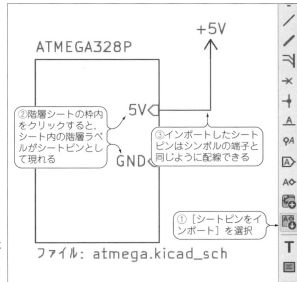

図8 上位の階層シートから下位の階層シートのピンを引き出す
下位の階層シート内で階層ラベルを付けたピンはインポートできる．

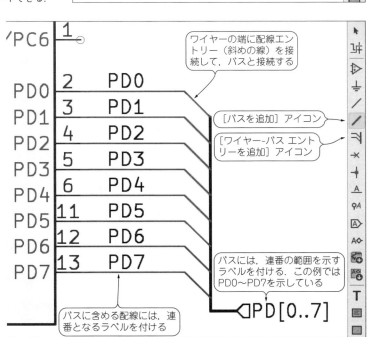

図9 バスの配線
連番を示すラベルの記法などは，ラベルのプロパティのダイアログにある「構文ヘルプ」から参照できる．

3―回路図の作成によく使う機能　65

バスと配線を接続します．

▶ バスに付けるラベルの規則

バスのラベル名と，バスに含める配線のラベル名にはルールがあります．配線のラベル名がPD0, PD1, PD2, …のように"PD"という共通の部分に連ねて連番が続くときには，バスのラベル名はPD[0..7]として連番の範囲を指定します．これにより，このバスはPD0〜PD7の配線を含むものとして扱われます．

バスもワイヤーと同様に，階層ラベルやグローバル ラベルと接続することができます．パラレル信号など複数の信号で1つの機能を構成するようなものは，バスの機能を使うことで階層シート間の機能的なつながりをわかりやすく表現できます．

● その4：回路全体の見直しと電源シンボル関連

サブシートの回路図の作成が終わったら，最上位の階層で階層シート間をつないで回路図を完成させます（図10）．サブシートとの接続や，USBコネクタ，コネクタなどの端子を接続して，全体の接続を完成させます．使わないピンには空き端子フラグを追加しておきます．また，電源シンボル関係でいくつか処理が必要です．

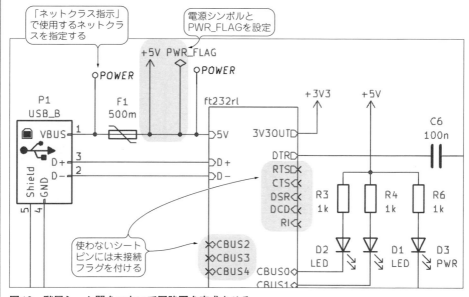

図10　階層シート間をつないで回路図を完成させる

▶ **電源シンボルで「＋5V」や「GND」を明示する**

回路図エディターには「＋5V」や「＋3V3」などの電源シンボルが用意されています．電源シンボルは対応するフットプリントを持たず，電源を示す回路図記号として使えます．回路図中に同じ名前の電源シンボルがあった場合，それらはすべて接続されているものとして扱われます．ラベルの機能と似たものと考えてもよいでしょう．

電源シンボルは右ツールバーの［電源を追加］アイコンから選択できます．［シンボルの追加］と同様の操作で，電源シンボルを追加します．

この作例ではUSBのVBUS端子から供給される電源をフェライト・ビーズに通して，ノイズをフィルタした後の電源を＋5Vとして使っています［**図4**(a)］．よって，上位のシートの5Vの配線に「＋5V」のシンボルを配置します（**図10**）．

▶ **電源シンボルにPWR_FLAGを付ける**

回路図中でGNDや＋5Vのような電源シンボルを使っている場合に，**図11**(a)，(b)に示すようなERCエラーの表示が出てくることがあります．

このエラーは，電源シンボルが接続している配線にPWR_FLAGを付けることで解消できます［**図11**(c)］．シンボルは，例えば電池のシンボル（BATT）でも，自身が電源であるかどうかの情報は持っていません．KiCadの考え方として，電源となる配線には明示的に「PWR_FLAG」を付けて，その配線が電源であることを示すようにします．

本章の製作例では＋5Vの電源シンボルを使っているので，＋5Vにつながるいずれかの配線にPWR_FLAGを接続します（**図10**）．PWR_FLAGは，電源シンボルと接続されていればどこに配置してもかまいませんが，実際の電源に近いところに置くのがわかりやすいでしょう．

図10には＋3V3の電源シンボルもありますが，こちらは＋5Vで駆動されているFT232RLから出ているので，PWR_FLAGは不要です．PWR_FLAGは，大本の電源となる箇所にのみ必要です．

▶ **ネットクラス指示ラベルを追加する**

ネットクラスとは，基板のレイアウト時に（PCBエディターで）使用する，配線幅とビアのサイズを組み合わせた設定です．KiCadでは，回路図上であらかじめ使用するネットクラスを指定しておくことができます．通常，ネットクラスの選択は，PCBエディターで基板のレイアウトを行うときに決めるものですが，回路設計の要請でネットクラスを明示的に指定する必要がある場合などは，「ネットクラス指示」の機能を使うことで指定もれを防げます（**図10**）．

ネットクラス指示は，右ツールバーの［ネットクラス指示を追加］アイコンから追加でき

3―回路図の作成によく使う機能 **67**

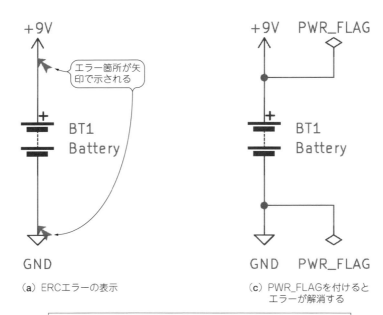

(a) ERCエラーの表示

(c) PWR_FLAGを付けるとエラーが解消する

> エラー: 電源入力ピンが電源出力ピンによって駆動されていない
> シンボル U2 [ATmega328P-P] ピン 7 [VCC, 電源入力, ライン]

(b) ERCエラー・メッセージの内容

図11　電源シンボルの配線にはPWR_FLAGを付ける

ます．ここでは，USBから供給される5Vの電源の配線に"POWER"のネットクラスを指定しています．ここは電源ラインなので，通常の配線よりも太く，供給される電力に対して十分なパターン幅となる設定を行います．

ネットクラスの内容の設定は，PCBエディターで行います(第6章にて解説)．

第1部 KiCadプリント基板設計入門

第6章

Arduino 互換マイコン基板の自作②… 基板の配線パターンを作る

1 ── 基板レイアウトのはじめに使う機能

　回路図エディターでの作業が終わったら，第2章～第3章と同じ流れで，PCBエディターで基板レイアウトの作業を行います．今回は Arduino 互換基板を作成するので，基板外形やコネクタ位置などを正確に設定する必要があります．ここでは，基板レイアウトを行う際によく使う実用的な機能を紹介します．

● 外部ツールで作成した基板外形線を取り込む

　基板の外形線は，外部ツールでDXFファイルとして作成したものを取り込むことができます．KiCadの描画機能では作成が難しい複雑な外形も，外部のCADツールやドローイング・ツールを使えば作成が可能です．特にCADツールを使う場合は，筐体や機構の設計と連携して基板を製作することができます．

▶ DXFファイルを作成する

　DXFファイルは広く使われているCADの図面データのフォーマットです．オープン・ソースのソフトウェアでは3D CADツールのFreeCAD（https://www.freecadweb.org/）やドローイング・ツールのInkscape（https://inkscape.org/）で出力することができます．ここでは，あらかじめInkscape（Version 1.3.2）で作成した画像を，基板の外形として取り込んでみます．

　図1に示す閉じた枠線の図形を作成しました．これをDXF形式で出力します．

　Inkscapeで［名前を付けて保存...］を行い，ダイアログで「デスクトップ カッティングプロッター（AutoCAD DXF R14）（*.dxf）」を指定して保存します．DXFのオプション

1─基板レイアウトのはじめに使う機能 69

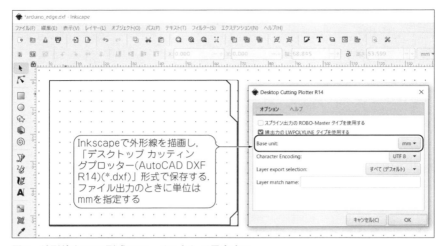

図1　外形線をDXF形式のファイルとして用意する
外形線をオープン・ソースの描画ソフトウェア「Inkscape」で作成し，DXF形式で保存した．

はデフォルトのままで問題ないですが，Base unit（ベース単位）は，KiCadで読み込むときと同じ単位系に合わせる必要があります（ここでは「mm」を選択）．

▶ DXFファイルを外形線としてインポートする

KiCadのPCBエディターで［ファイル］-［インポート］-［グラフィックス…］を選択し，DXFファイルを外形線として取り込みます（図2）．

外形線としてDXFを取り込む場合，［レイヤー］は「Edge.Cuts」を指定します．DXFファイルを作成したツールでのサイズの原寸で取り込む場合は，［インポート スケール］は「1.000000」を指定します．

［DXFの単位のデフォルト］は，DXFファイルを作成したツールと単位を合わせる必要があります．ここでは，図1に合わせてmmとします．

［配置］をチェックすると，読み込んだ外形線を配置する場所を座標で指定できます．

ここまでの作業で，図3のように外形線を配置できました．

● 配線幅を指定する（ネットクラスの設定）

基板上で使う配線幅などを指定する「ネットクラス」の設定を行います．これは，回路図エディター上で指定する「ネットクラス」と対応します．また，ネットクラスを指定していない線に適用されるデフォルトの値を調整します．

```
ベクター画像ファイルをインポート                    ×

ファイル:  D:¥arduino.dxf                        📁

インポート スケール:    1.000000

DXFの線幅のデフォルト: 0.2                        mm

DXFの単位のデフォルト: mm  ←──  DXF形式のファイルを作成し
                              たツールと単位を合わせる

☐ 配置:   X: 0            Y: 0             mm
☑ レイヤー:    ■ Edge.Cuts ←── DXFの読み込み先の
                              レイヤーを指定する
☑ インポートするアイテムをグループ化

☑ 不連続を修正    許容誤差: 1           mm
   チェックした場合は指定
   した位置に画像を読み込      OK      キャンセル (C)
   む．チェックしない場合
   はマウス操作で配置する
```

図2 DXF形式のファイルをインポートする

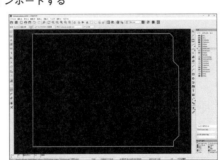

図3 KiCadに外形線を取り込んだところ

　前章では回路図エディターで，USBからの電源の線に対して「POWER」のネットクラスを割り当てるよう指示しました(第5章の図10を参照)．これに対応する「POWER」のネットクラスを設定します(**図4**)．電源の配線なので，大きな電流が流れても問題ないように，十分な太さの配線幅を指定します．ここでは，1.2A程度まで使える，幅16milを指定しました(KiCadの「計算機ツール」を使って計算した)．

1 — 基板レイアウトのはじめに使う機能

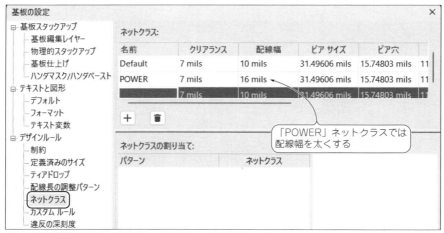

図4 電源配線用のネットクラス「POWER」を設定する

2 ─ 重要となる配置から決めていく

● フットプリントを配置する…コネクタは正確な位置に

　Arduinoはコネクタの位置が決まっているので，ここで製作する「Arduino互換マイコン・ボード」も互換性を保つために，コネクタを正確に配置する必要があります．図面の座標データなどから部品の位置が決められるときは，数値入力でフットプリントの位置を設定するようにします．Arduinoは，**図5**のようにコネクタが配置されています．この図に従って部品の位置を設定します．

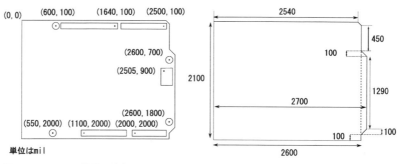

図5 Arduinoの部品の座標
基板外形の左上端を座標の起点としている．座標単位はmil．

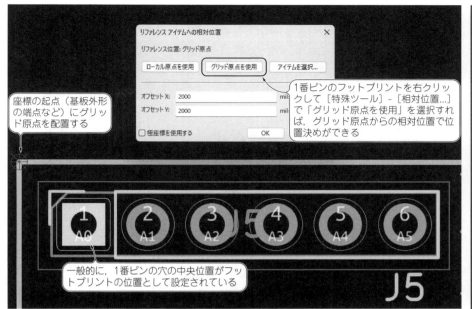

図6 数値入力でフットプリントの位置を設定する

▶ グリッド原点を設定する

フットプリントの位置は原点からの相対位置で設定することができます．先にグリッド原点を，座標の起点となる位置(基板外形の端など)に合わせます．

[配置]-[グリッド原点]を選択し，グリッド原点に設定する位置をクリックします．ここでは図5に合わせて，基板左上の点を原点としました．

▶ フットプリントの位置を指定する

続いて，各フットプリントの位置を指定します．フットプリントの1番ピンを右クリックし，開いたコンテキスト・メニューから[位置決めツール]-[相対位置...]を選択してダイアログを開きます(図6)．ダイアログの[グリッド原点を使用]を押下して選択し，グリッド原点からの相対座標で位置を指定します．フットプリントは一般的に，1番ピンの穴の中央の位置をフットプリントの位置として扱います．

まずは，正確に配置する必要があるフットプリントを配置します(図7)．その後，すべてのフットプリントを配置します(図8)．

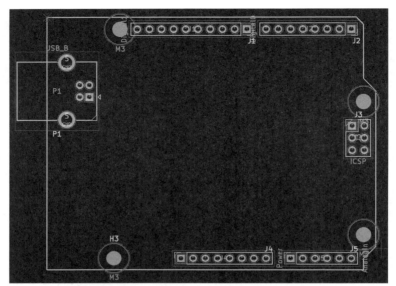

図7 位置の指定があるフットプリントを座標指定で配置したところ

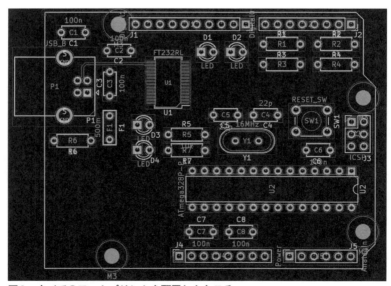

図8 すべてのフットプリントを配置したところ
この後，配線を行う．全体の配線は自動配線で行う(外部ツールを使用)ので，自動配線したくない箇所は先に配線をすませておく．詳しくは次項「差動ペアの配線」で説明する．

第6章——Arduino互換マイコン基板の自作②…基板の配線パターンを作る

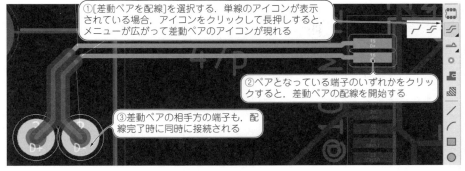

図9 差動ペアの配線を行う

● 差動ペアの配線

USBのD+，D-は差動ペアの信号線です．[差動ペアの配線]と[差動ペアの遅延を調整]の機能を使うことで，配線の長さをそろえて配線することができます．

▶ 配線のラベルの設定

PCBエディターは，配線のラベル(ネット ラベル)の末尾が"_P"と"_M"，もしくは"+"と"-"になっているネットの組を，差動ペアとして認識します．差動ペアを行う配線には，回路図エディターでこのルールに従ってラベルを付けておきます．

今回の製作例では，USBのD+，D-がこのルールに従ったラベルになっており，差動ペアの配線が行えます．

▶ 差動ペアの配線と調整を行う

[配線]-[差動ペアの配線]を選択し，差動ペアの名前付けのルールに従った端子をクリックすると，差動ペアの配線が開始されます．差動ペアの組となっている端子両方から2本の線が引かれます．配線の操作自体は通常の配線と同じです．配線を引いて，接続先の端子をクリックして配線を接続します(**図9**)．

配線しただけでは差動ペアの配線の長さはそろっていません．[配線]-[差動ペアの遅延を調整]を選択し，差動ペアの配線をクリックして調整を開始します．マウスを配線に沿って移動させると，蛇行部が作られます．キーの1，2で蛇行の周期を，3，4で蛇行の振幅を調整して，目的の長さに近づけます．蛇行のパターンを作成し，目的の長さになると，ポップアップの表示が「調整済」となるので，クリックで確定します(**図10**)．

▶ 差動ペアの調整に関する注意点

KiCadの差動ペアの調整機能は，配線の長さしか考慮しません．例えば，「等間隔で平

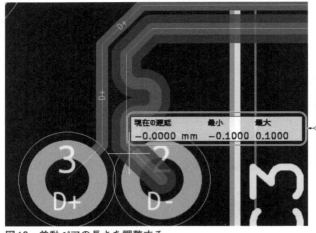

図10 差動ペアの長さを調整する

行となる部分を極力長くする」といったことは行いません．場合によっては差動ペア配線の機能を使わずに配線するほうが良い場合もありえます．ただしこの場合でも，長さの確認が容易に行える本機能は有効に使えるはずです．

また，差動ペアの調整を行ったパターンは，後に述べる自動配線で崩れる場合があります．崩れたらもう一度，調整し直します．

3 — ちょっとした回路に便利な「自動配線」

本章で扱っている製作例には，USBの差動ペアの配線を除くと，特に設計に注意が必要な配線（大電流や高速信号など）はありません．このような場合は，自動配線を利用するのも有用な選択肢です．

オープン・ソースの自動配線ツール「Freerouting」を使って，自動配線を行うことができます．Freeroutingは以下のURLよりダウンロードできます．

https://github.com/freerouting/freerouting/releases

FreeroutingはKiCadの［プラグイン＆コンテンツ マネージャー］から取り込めるプラグイン版も用意されているので，そちらを利用する方法もあります．ここでは，KiCadのファイルのエクスポート／インポート機能を使って外部ツールと連携する方法を解説します．

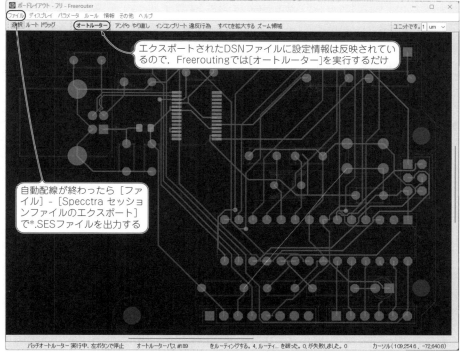

図11　freeroutingを使って自動配線を行う

● 外部ツールを使った自動配線の手順
▶ Specctra DSN形式のファイルをエクスポートする

自動配線ツールに渡すSpecctra DSN形式のファイルをエクスポートします．KiCadのメニューから[ファイル]-[エクスポート]-[Specctra DSN...]を実行して，保存するファイルを指定します．

▶ Freeroutingを実行する

Freeroutingを起動し，エクスポートした*.dsnファイルを開きます．ウィンドウにある[Open Your Own Design(デザインファイルを選択する)]のボタンを押し，該当する*.dsnファイルを選択すると，図11に示す「ボードレイアウト」画面が表示されます．ツールバーにある[オートルーター]を押すと，自動配線を開始します．

自動配線に必要な情報は*.dsnファイルに取り込まれているので，追加の設定は必要ありません．複雑な基板だと時間がかかるかもしれません．自動配線が完了すると画面下の

3—ちょっとした回路に便利な「自動配線」

ステータス・バーに"Postroute completed"と表示されます.

自動配線が完了したら,［ファイル］-［Specctraセッションファイルのエクスポート］を選択します.設定したルールの再利用を行うかの確認のダイアログが表示されるので,「いいえ」を選択します.

出力したSpecctra Sessionファイル(*.sesファイル)ファイルは,*.dsnファイルと同一のフォルダに作成されます.

▶ 自動配線の結果をインポートする

Freeroutingが出力したSpecctra Sessionファイル(*.sesファイル)をPCBエディターにインポートします.Freeroutingで行った自動配線の結果が,PCBエディターに反映されます.自動配線ではDRCは行われていないので,インポートを行ったときにDRCを実行します.DRCのエラーや期待どおりに実行されていない配線は手動で修正します.

インポートを終えると**図12**のようになります.

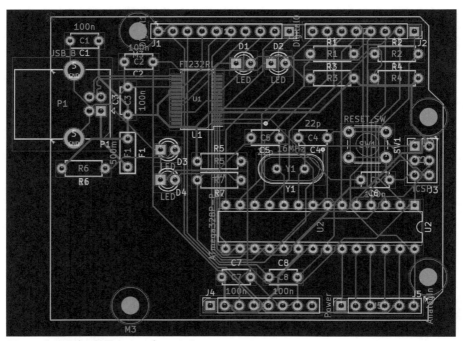

図12 自動配線の結果をインポートした

4 — 配線パターン作りにおける実用的な機能

● べたグラウンドを作成する

［塗りつぶしゾーンを追加］の機能を使って，ノイズ対策に使われるべたグラウンド（面状のGND領域）を作成できます．

▶ 塗りつぶしゾーンを追加する方法

［塗りつぶしゾーンを追加］を選択し，画面をクリックするとダイアログが表示されます（**図13**）．［レイヤー］の項目から，塗りつぶしを行うレイヤー，ここでは表裏の銅はく面（F.Cu，B.Cu）をチェックします．塗りつぶしを接続するネットとして［GND］を選択し，［OK］を押します．

設定を終えたらマウスをクリックして図形を描画し，ゾーンを作成します．基板の外形線を囲むように塗りつぶしの領域を作成します．塗りつぶしの領域で外形線からはみ出した部分は切り捨てられるので，外形線より大きめに囲えばよいです（**図14**）．

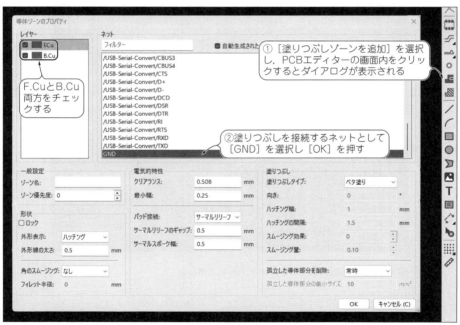

図13 塗りつぶしゾーンについて設定を行う

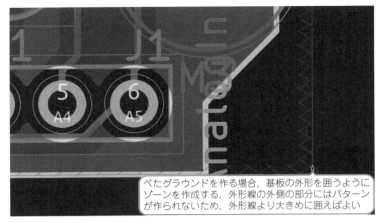

図14 べたグラウンドの作成
GNDに接続された塗りつぶしゾーンをF.Cu，B.Cuのレイヤーに作成する．配線のないところの銅はくを残してべたグラウンドのパターンが作成される．

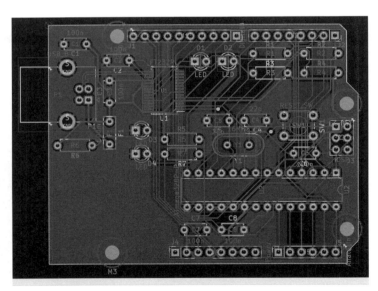

図15 両面の導体層にべたグラウンドを追加した

　同じ要領で，もう一方の面にも塗りつぶしゾーンを作成します．
　両面のゾーンが作成できたら[編集]-[すべてのゾーンを塗りつぶし]を実行します．これでゾーンが配線に沿って塗りつぶされ，べたグラウンドを作成できます．

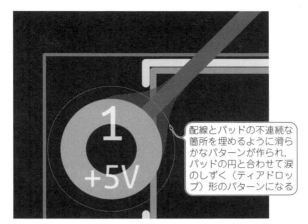

図16 ティアドロップを追加したところ

▶ 配線などを変更したら塗りつぶしを再実行する

配線やフットプリントの操作を行った場合でも，塗りつぶしは自動的には更新されません．適宜塗りつぶしを再実行する必要があります．DRCの実行に連動して塗りつぶしの更新が行われるので，頻繁にDRCを行うようにします．

塗りつぶしでべたグラウンドを追加すると，図15のようになります．

● ティアドロップを追加する

ティアドロップとは，配線とパッドの接合部のパターンを滑らかな曲線でつないだ形状を指します．ティアドロップを追加すると，断線に強いパターンとなります(図16)．

ティアドロップを追加するには，[編集]-[ティアドロップを編集...]を選択します(図17)．アクションの項目で[形状のデフォルト値でティアドロップを追加]もしくは[指定の値でティアドロップを追加]を選択して[OK]を押せばティアドロップが作成されます．[ファイル]-[基板の設定...]のティアドロップの項目で，細かな設定を行えます．

なお，ティアドロップは配線に合わせて作られますが，配線を変更しても自動的に追従しません．一度，[ツール]-[ティアドロップを削除]を行ってから，もう一度ティアドロップを作成し直します．

また，塗りつぶしやティアドロップはパターン自体を変更するため，DRCでエラーが発生する可能性があります．ティアドロップを作成したら，DRCを実行して不備がないかを確認します．

4―配線パターン作りにおける実用的な機能

図17 ティアドロップを追加する

● 基板にロゴを入れる

基板にロゴの画像などをシルク印刷したい場合は，KiCadの「イメージ コンバーター」ツールを使って，画像をフットプリントに変換します．

▶ ロゴ画像をフットプリントに変換する

KiCadのプロジェクト・マネージャー画面から「イメージ コンバーター」を起動します．はじめに[元の画像をロード]ボタンを押して，フットプリントに変換する画像を読み込みます（**図18**）．

出力サイズの欄には，基板上に配置したときの画像のサイズを指定します．シルク印刷する場合は，出力フォーマットは「フットプリント（.kicad_modファイル）」，図形用のPCBレイヤーは「表面シルクスクリーン」を指定します．シルク印刷では階調が出せないので，元の画像を白黒の画像データに変換するのですが，そのしきい値を「モノクロ閾値」で調整します．画面上で結果をプレビューしながら調整できます．

パラメータを設定したら[ファイルにエクスポート]ボタンを押すと，フットプリントの

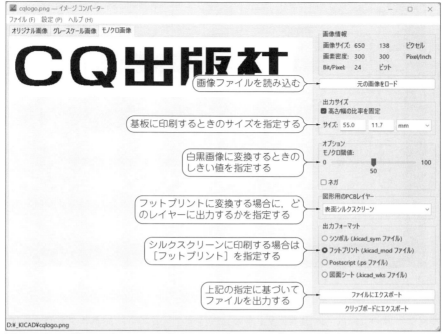

図18 イメージ コンバーターで画像をフットプリントのデータに変換する

ファイル(*.kicad_mod)が作成されます．ここではcqlogo.kicad_modの名前で出力しました．

▶ フットプリントをライブラリに登録する

フットプリントは*.kicad_modファイル単体では読み込めません．*.prettyという名前のフォルダを作成し，その中にファイルを格納して，フットプリント・ライブラリに登録する必要があります．ここではcqlogo.prettyというフォルダを作成して，cqlogo.kicad_modファイルをその中に格納します．

*.prettyフォルダは任意の場所に作成できますが，次のどちらかの場所に入れておくとわかりやすいと思います．

- 複数のプロジェクトで使い回す場合
  C:¥Users¥[ユーザ名]¥Documents¥KiCad¥8.0¥footprints¥
- 1つのプロジェクトのみで使う場合
  C:¥Users¥[ユーザ名]¥Documents¥KiCad¥8.0¥projects¥[プロジェクト名]¥

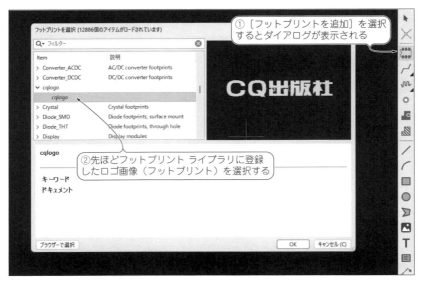

図19 フットプリントを追加する

ライブラリの登録は，PCBエディターの[設定]-[フットプリント ライブラリを管理…]から行います．「プロジェクト固有ライブラリ」タブを選択して，画面中段にあるフォルダの形のアイコンを押し，開いたダイアログから先ほど作成したcqlogo.prettyフォルダを選択します．

▶ 基板上にロゴを配置する

ライブラリの登録が完了したら，シルク印刷のレイヤーにロゴを追加します．

PCBエディターの[配置]-[フットプリントを追加]でフットプリント選択ダイアログを開き，登録されたcqlogoライブラリからcqlogoフットプリントを選択して(**図19**)，基板に配置します(**図20**)．

[フットプリントを追加]で配置したフットプリントは，回路図のシンボルと対応付けられていないので，[回路図から基板を更新]のオプションで削除されてしまう場合があります．これを避けるため，cqlogoフットプリントを右クリックして[プロパティ …]で[回路図にない]を有効にします(これで，削除されないようになる)．

図21がロゴを配置した状態です．これで実質的には完成で，あとは必要であれば仕上げの作業を行います．

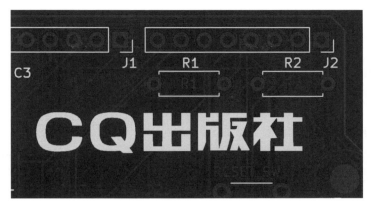

図20 フットプリントを基板に配置したところ
シルクスクリーン印刷のレイヤーに出力されている(図18で設定したとおり).

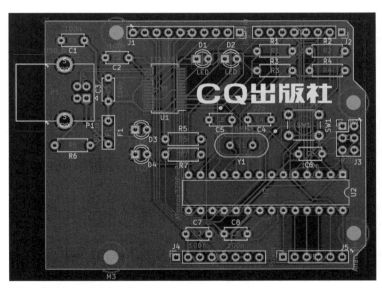

図21 基板にロゴを入れた

4―配線パターン作りにおける実用的な機能

5 — 必要に応じた仕上げ

最後の仕上げとして，フットプリントの細かい調整，部品番号の並び替え，部品の発注に便利な部品表の出力を行います．

● フットプリントを個別に調整する

「フットプリントのシルク印刷を少しだけずらしたい」などのように，配置したフットプリントを個別に微調整したいケースがあります．フットプリントのコンテキスト・メニューから[フットプリント エディターで開く]を行うと，選択したフットプリントに対して個別に修正を行えます(**図22**)．修正は選択したフットプリントにのみ適用され，基板上にある他のフットプリントや，ライブラリのフットプリントには影響しません．

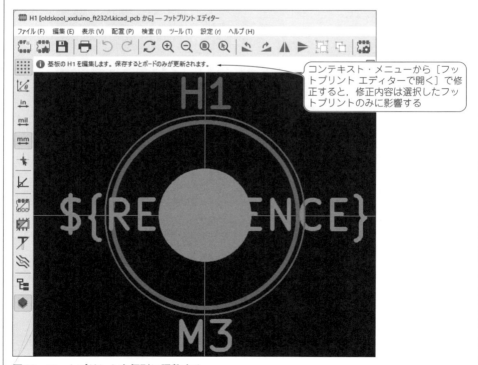

図22 フットプリントを個別に調整する

この作例では，USBコネクタのシルク印刷が基板外にはみ出している箇所と，ねじ穴のフットプリントのコートヤードが他の部品のコートヤードと重なってDRCの警告が出ている箇所があります．これらのエラーを解消するために，USBのコネクタのシルク印刷を個別に調整したり，ねじ穴のフットプリント(Mounting_Hole_3mm)のコートヤードを調整，もしくは削除して対応しました．

● 部品の位置を基準にリファレンス指定子を振り直す
　PCBエディターの「位置に基づいて再アノテーション」機能を使うと，基板上に置かれた部品に対して，並んでいる順にリファレンス番号を振り直すことができます．部品の番号に一貫したルールがあるほうが，基板を目視して部品を探すときに便利です．

▶ 操作方法
　［ツール］-［位置に基づいて再アノテーション…］を行うと，図23のダイアログが現れます．デフォルトの設定のまま［基板を再アノテーション］を実行してもよいですが，［再アノテーションの範囲］を設定して対象のフットプリントを限定したり，左上以外から番号

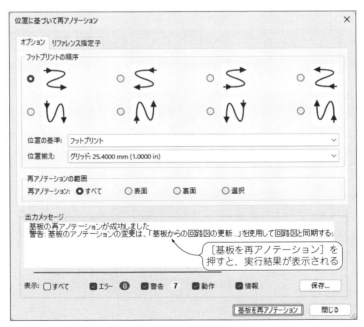

図23　［位置に基づいて再アノテーション］の機能

5—必要に応じた仕上げ

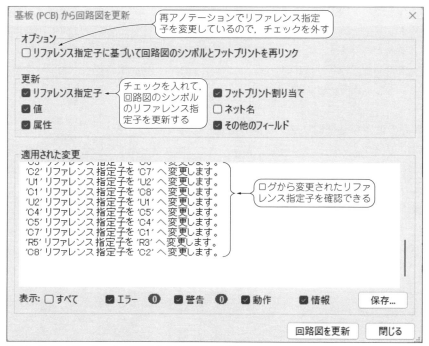

図24　再アノテーションの結果から回路図を更新

を振りたい場合は[フットプリントの順序]で順序を設定します.

再アノテーションを行ったら, [ツール]-[基板から回路図を更新...]を行って, その結果を回路図に反映する必要があります. リファレンス番号の変更を回路図に反映するので, **図24**に示すように[リファレンス指定子に基づいて回路図のシンボルとフットプリントを再リンク]を無効にして, かつ[リファレンス指定子]のチェックを有効にします. [適用された変更]に表示される変更内容に問題がなければ, [回路図を更新]で反映を行います.

なお, PCBエディターと回路図エディターで画面の切り替えが行われる際に, ダイアログが表示されたまま切り替わってしまう場合があります. 回路図エディターの画面で, ダイアログが表示されたままでないかを確認してください.

● 部品表を出力する

回路図エディターの「部品表を生成」機能で, 回路図中にあるシンボルの一覧を出力できます. 回路図エディターを開き, [ツール]-[部品表を生成...]を選択すると, **図25**に示

図25 部品表(BOM)のファイルが出力できる

すダイアログが開きます．[既定のフォーマット]を"CSV"に設定して，[エクスポート]を押下すると，プロジェクトのフォルダにカンマ区切り形式(csv)で部品表のファイルが作成されます．

第1部　KiCadプリント基板設計入門

第7章

Arduino 互換マイコン基板の自作③…
プリント基板製作& Arduino として
動かす

1 ── プラグインを使ったプリント基板の発注

　プリント基板の設計が完了したら，第4章で解説したのと同様に，基板レイアウト・データを出力して基板製造サービスに発注します．ここでは，基板製造サービスが提供しているKiCadのプラグインを使って発注する方法を説明します．

　ここでは，JLCPCBの発注データ作成プラグイン「Fabrication Toolkit」を使って，基板製造の発注を行います．

● 「プラグイン＆コンテンツ マネージャー」でプラグインをインストールする

　KiCadの「プロジェクト マネージャー」画面から「プラグイン＆コンテンツ マネージャー」を起動します．画面上部にあるテキスト・ボックスに「JLC」と入力すると，「Fabrication Toolkit」が抽出されます(図1)．[インストール]を押してから，画面右下の[保留中の変更を適用]を実行すると，インストールが行われます．

▶ リポジトリのURLを読み込めない場合

　プラグイン＆コンテンツ マネージャーを起動しても，「リポジトリのURLを読み込めない」などのエラーになることがあります(ネットワークのプロキシの設定などに起因する可能性が高い)．その場合は，プラグインのファイルを直接ダウンロードしてインストールすることもできます．

　Fabrication Toolkitの場合は，以下のウェブ・ページから，最新のプラグインのファイル(JLC-Plugin-for-KiCad-*.*.*.zip，*.*.*はバージョン番号)をダウンロードします．

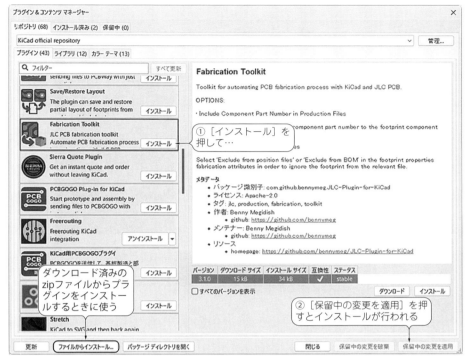

図1 「プラグイン＆コンテンツ マネージャー」で基板製造サービスが提供するプラグインをインストールする
この例では，JLCPCBの発注データ作成プラグイン「Fabrication Toolkit」を使っている．

https://github.com/bennymeg/Fabrication-Toolkit/releases

ダウンロードしたファイルを，図1の画面左下にある[ファイルからインストール...]ボタンでインストールします．

● PCBエディターで外部プラグインを実行する

PCBエディターを起動して，[ツール]-[外部プラグイン]メニュー内にある「Fabrication Toolkit」を実行します(図2)．

プロジェクトのフォルダ配下にproductionフォルダが作成され，ここにgerber.zipとして発注用のデータが出力されます．出力が完了すると，エクスプローラでproductionフォルダが表示されます．

図2 「PCBエディター」で外部プラグインを実行する
プラグインを実行すると,基板製造サービスの仕様に合った発注用のデータが出力される.

図3 基板製造サービスのウェブ・サイトから基板を発注する

● 発注する

ウェブ・ブラウザでJLCPCBの基板発注用のフォームを開き，先ほど出力したzipファイルをドラッグ＆ドロップしてアップロードします（**図3**）．ページ下部で製造時の設定を細かく指定できますが，今回の作例では特に必要ありません．一番価格の安い設定になっているので，このまま発注を進めます．この先の手順は一般的なECサイトとほぼ同様です．

支払いが完了すると，おおむね10日前後で，製造された基板（第5章の写真1）が指定の送り先に届きます．

2 —— 部品の準備とはんだ付け

基板が準備できたら，部品を入手して，基板に部品をはんだ付けします．

● 部品の入手

部品表（第5章の表1）に基づいて，部品を入手します．IC以外は汎用部品なので，入手性の良いもので代用できます．マイコン（ATMega328P）を交換できるようにしたい場合は，28ピンDIPのICソケットも別途用意します．使用する部品の例を**表1**に示します．

● はんだ付け

基板に部品をはんだ付けします．リード付き部品のはんだ付けはそれほど難しくありませんが，FT232RLは表面実装のICなので，はんだ付けに注意が必要です．手作業ではん

表1　使用する部品の例

種　別	形状など	部品の例
コンデンサ	リード間隔2.54mm	RDER71E104K0S1H03A（村田製作所）
抵抗	1/4Wサイズ	CF1/2CT52R102J（KOA）
LED	3mm 砲弾型	NSPW300CS（日亜化学工業）
ポリスイッチ	500mA	RXEF050（Littelfuse）
タクタイル・スイッチ	6mm	SKHHAKA010（アルプスアルパイン）
水晶振動子	HC-49/16MHz	HC-49/U-S16000000ABJB（シチズンファインデバイス）
USBコネクタ	USB-B	USB-B1HSB6（On Shore Technology）
FT232RL	28ピンSSOP	FT232RL（Future Technology Devices International）
ATMega328P	28ピンDIP	ATMega328P-PU（Microchip Technology）

2—部品の準備とはんだ付け　93

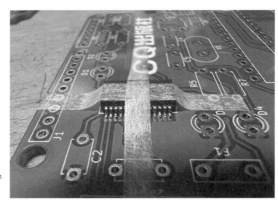

写真1 マスキング・テープなどで部品を仮固定してはんだ付けする

（a）はんだを盛りすぎた例　　　　　　（b）余分なはんだを吸い取った

写真2　はんだを盛りすぎてしまったら吸い取る

だ付けする場合はマスキング・テープなどで仮止めして，最初に四隅のピンをはんだ付けします（**写真1**）．

　四隅を固定したらテープをはがして，ICの足の先からはんだを流し込むようにしてはんだ付けを行います．はんだを盛りすぎてしまった場合［**写真2(a)**］は，はんだ吸い取り線であふれた分を吸い取ります［**写真2(b)**］．余分なはんだを吸い取って，ルーペで短絡がないことを確認します．

写真3　製作したボードに部品を実装した

3 ── 自作マイコン基板をArduinoとして動かすには

製作した基板にすべての部品を実装すれば，Arduino互換マイコン・ボードの完成です（**写真3**）．ここでは，製作したボードの使い方と，回路をアレンジする場合の参考情報を示します．

● 製作したボードにArduinoのブートローダを書き込む

製作したボードをArduinoとして動作させるためには，ATmega328のフラッシュ・メモリにArduinoのブートローダを書き込む必要があります．

ボード上にあるICSP端子（基板右側の6ピンの端子）を使って，ATmegaマイコンのフラッシュ・メモリにプログラムを書き込むことができます．

プログラムを書き込むには，別のArduinoボードを用意して「ArduinoISP」というスケッチを書き込み，書き込み器(ISP)として使うのが簡単です（**図4**）．ArduinoISPは，Arduino開発環境から[ファイル]-[スケッチ例]-[11.ArduinoISP]-[ArduinoISP]のスケッチをArduinoボードに書き込むことで使えます．

ArduinoISPを書き込んだArduinoボードと，製作したボードのICSP端子を**表2**のように接続します．Arduino開発環境から[ツール]-[ボード: …]-[Arduino AVR Boards]-[Arduino Duemilanove or Diecimila]を選択して書き込み対象のボードを切り替えて，[ツール]-[書き込み装置]-[ArduinoISP]を選択します．続けて，[ツール]-[ブートローダ

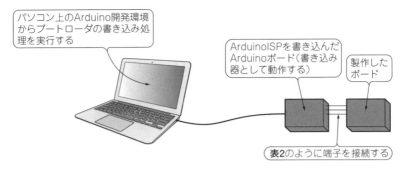

図4 製作したボードにArduinoのブートローダを書き込む

表2 ArduinoISPとの接続

ArduinoISPを書き込んだArduinoボードの端子	製作したボードのICSP端子
D12	ICSP-1 (MISO)
5V	ICSP-2 (VCC)
D13	ICSP-3 (SCK)
D11	ICSP-4 (MOSI)
D10	ICSP-5 (RESET)
GND	ICSP-6 (GND)

を書き込む]を実行します．これで，ArduinoISPを経由して製作したボード上のATmega328にブートローダが書き込まれます．

ArduinoISPの詳細については，Arduinoのサイトのドキュメントを参照してください．

● **Arduino開発環境での設定と動作確認**

一度ブートローダを書き込んでしまえば，製作したボードは通常のArduinoと同様に使えます．Arduino開発環境の[ツール]-[ボード]-[Arduino AVR Boards]-[Arduino Duemillanove or Diecimila]を選択し，[ツール]-[ポート]-[COM*]でFT232RLに割り当てられたシリアルポート番号を指定します．

動作確認に，何かスケッチ例を書き込んでみます([ファイル]-[スケッチ例]-[1.Basic]-[Blink]など)．正常に書き込めて動作すれば完成です．

● **設計データについて**

本章で紹介した設計データは本書付属のDVD-ROMに収録しています．後述する，USB-シリアル変換ICをCH340Kに置き換えたバージョンのデータもあります．

● 簡易的じゃない電源回路を用意するには

本章で製作したArduino互換マイコン・ボードはUSBからの給電のみで動くため，ボードから供給できる電流量が限られています．特に3.3Vの出力はFT232RLのレギュレータを使っているため，50mAまでしか供給できません．

USB以外からの給電を可能にするには，今回省略した電源回路を組み込む必要があります．Arduino Unoの電源回路は3.3V電源を作るレギュレータを搭載しており，こちらの回路も参考になります．

● USB−シリアル変換IC を CH340K に置き換える

現在流通している廉価なArduino互換機では，USB−シリアル変換にCH340K（中国Nanjing Qinheng Microelectronics社）を用いたものが多くあります．CH340Kは，FT232RLよりも安価で，端子の間隔が広いので手作業でのはんだ付けもやりやすいです．

FT232RLの代わりにCH340Kを用いた設計データも用意しました．変更した点は以下の2点だけです．

- FT232RLの階層シートをそっくりCH340K向けのものに入れ替えた
- 通信状態表示用のLEDは実装しない（CH340Kには通信状態表示機能がないので）

このように，階層化回路図は階層シートがモジュール化されているので，回路図を再利用しやすいです．

3—自作マイコン基板をArduinoとして動かすには

第8章

必ず直面する…ライブラリにない部品をKiCadに追加するフロー

前章までは,あらかじめライブラリに含まれているシンボルやフットプリントを使って,回路図やPCBデータを作成してきました.本章では,自分でシンボルやフットプリントを作成する方法を説明します.

1 — KiCad上の部品…「シンボル」と「フットプリント」

● シンボル=回路図エディターにおける「部品」

シンボルとは,回路図エディターで使う,部品を表すデータです[図1(a)].シンボルは部品の接続端子の情報を持っており,それを回路図記号として視覚的にわかりやすく表現しています.基本的な部品については,あらかじめKiCadの標準ライブラリにシンボルが用意されています.標準ライブラリにない部品を回路図エディターで使うには,シンボルを作成する必要があります.

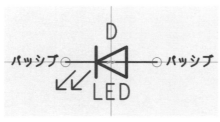

(a) シンボル

(b) フットプリント

図1 「シンボル」と「フットプリント」の例
シンボルが回路図記号に対応するのに対し,フットプリントは部品の端子形状に対応する.使う部品の端子形状に合ったフットプリントがなければ,フットプリントを自分で作成すればよい.

● フットプリント＝**PCB**エディターにおける「**部品**」

フットプリントとは，PCBエディターで使う，部品の端子形状に対応したデータです[**図1(b)**]．フットプリントは，はんだ付けを行う電極の形状のほか，部品のリード線を通す穴の形状や部品外形，極性の表示など，部品に関連して基板上に印刷するデータを含みます．

シンボルとフットプリントを対応付けることで，回路図上の部品と配線の接続情報を，基板データ上に反映させることができます．

DIPパッケージやQFNパッケージなど，規格化された部品のフットプリントは，KiCadの標準ライブラリに多数収録されています．部品が標準ライブラリになかったり，回路図記号（シンボル）は登録されていても使用する部品の形状が異なったりする場合には，その部品のフットプリントを作成する必要があります．

2 ── 部品のシンボルの作成

ここでは，独自のジャンパ線のシンボル（接続端子が2つあるだけのシンボル）を作成します（**図2**）．

シンボルの作成や編集は「シンボル エディター」で行います．KiCadの起動画面にある「シンボル エディター」のアイコンをクリックして，シンボル エディターを起動します．

● まずシンボル格納用のライブラリを作成する

はじめに，シンボルを格納するための空のライブラリを作成します．

シンボル エディター画面で，［ファイル］-［新規ライブラリ］を選択します（**図3**）．「ライブラリ テーブルへ追加」ダイアログが表示されるので，「グローバル」または「プロジェクト」を選択します．

(!) 作成するライブラリをほかのプロジェクトでも使う場合には「グローバル」を，現在のプロジェクトでのみ使用する場合は「プロジェクト」を選択します．

ファイル保存のダイアログが表示されるので，任意の場所と名前を指定して，シンボル

入力○—<u>1</u>　<u>JP</u>　<u>2</u>○入力

図2　作成するシンボルの例

2―部品のシンボルの作成　99

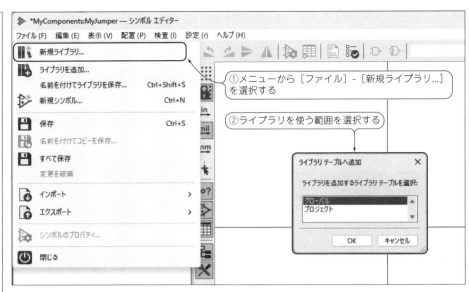

図3 シンボルのライブラリを作成する

ライブラリのファイルを作成します．前のダイアログで「プロジェクト」を選択した場合は，現在のプロジェクトのディレクトリに含めるのがよいでしょう．

今回は，グローバル・ライブラリとして"CQPub_Jumper_Example（.kicad_sym）"というファイル名でシンボル ライブラリを作成します．

作成されたライブラリは，シンボル エディター画面左のライブラリ一覧に追加されます．

● **新規シンボル作成**

画面左のライブラリ一覧から，先ほど作成した"CQPub_Jumper_Example"のシンボル ライブラリを右クリックして[新規シンボル...]を選択します（**図4**）．「新しいシンボル」ダイアログが表示されるので，シンボル名を入力します．ここでは例として"Simple Jumper"と入力します．ほかの項目はデフォルトの値のままにします．

● **ピンの配置**

作成したシンボルに，ピン(端子)を配置します．ピンの白丸の部分が，回路図で結線を行うときの端点となります．また，フットプリントのパッドと対応し，回路図と基板のパ

図4 新規シンボルを作成する

ターンを対応づける情報としても使われます.

画面右ツールバーの[ピンを追加]アイコンを選択すると,「ピンのプロパティ」ダイアログが表示されるので,配置するピンの設定を行います(**図5**).ピン番号の欄に「1」を入力して[OK]を押し,画面上の配置したい位置をクリックします.これで1のピンが配置されます.

> ⚠ 「ピン番号」は,フットプリントと関連付けるために必要な項目です.
> 「ピン名」は表示用の名前なので,必須ではありません.

同様に2のピンも配置します.2のピンは端点を右側に向けるために,いったん配置してからピンを右クリックして,表示されたメニュー(コンテキスト・メニュー)から[水平反転]の操作を行っています.完了した状態が**図6**です.

● シンボルの見た目のデザイン

図形描画の機能を使ってシンボルの見た目をデザインします.図5で示した画面右ツールバーから,テキスト,矩形,円,弧,直線の5種類の図形が使えます.それぞれ線幅の

2—部品のシンボルの作成

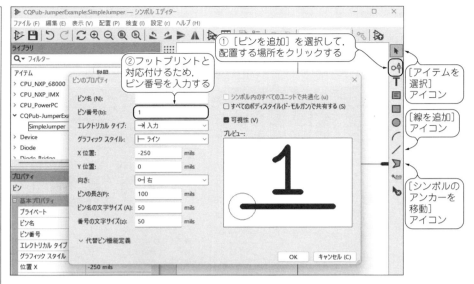

図5 ピンの追加とプロパティの設定を行う

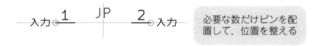

図6 シンボルのピンを配置する

指定と，矩形と円に関しては塗りつぶしの有無を指定できます．ここではシンプルに端子の間に直線を引いて，この部品がジャンパ線であることを表現しました(図7)．

> (!) 直線を引く操作は，以下のように行います．
> ①画面右ツールバーから[線を追加]アイコンを選択する
> ②画面上の線を引きたい開始位置をクリックする
> ③画面上の線を引きたい終了位置をダブルクリックする
> 　(シングルクリックだと線を引く操作が継続することに注意)

リファレンス番号とシンボル名のテキストも，デザインに合わせて見やすい位置に移動します(画面右ツールバーの[アイテムを選択]アイコンを選んだ状態で，該当のアイテムを右クリックして，コンテキスト・メニューから[移動]を選択する)．

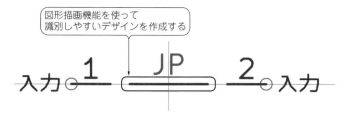

(a) シンボルの見た目をデザインする

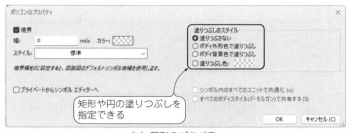

(b) 図形のプロパティ

図7 シンボルの見た目をデザインする
図形描画機能を使ってシンボルの見た目をデザインする．図形のスタイルを変更するには，図形を右クリックしてコンテキスト・メニューを開き［プロパティ］を選んで，(b)のプロパティ画面でスタイルを設定する．

● シンボルの中心位置の設定

最後に，シンボルの中心位置アンカーを再設定します．

画面右ツールバーの［シンボルのアンカーを移動］アイコンを選択し，中心としたい位置をクリックして設定します．部品を回転させることを考慮して，ピン同士の中心の位置を選択します．

図2のようになればシンボルは完成です．［ファイル］-［保存］を選択して，シンボルを保存します．保存するとライブラリから選択できるようになります．シンボル エディターは閉じてしまってかまいません．

3 — 部品のフットプリントの作成

先ほど作成したシンボルに対応する，フットプリントを作成します．作成したシンボルは2つのピンを持つので，フットプリントにも2つのパッドを持たせます(図8)．また，フットプリントには，部品の実装時に助けとなる情報などをシルク印刷のデータとして含

めることもできます．

フットプリントの作成や編集は「フットプリント エディター」で行います．KiCadの起動画面にある「フットプリント エディター」のアイコンをクリックして，フットプリント エディターを起動します．

● まずはフットプリント格納用のライブラリを作成する

シンボルの場合と同様に，フットプリントを格納するための空のライブラリを作成します．

フットプリント エディター画面で，[ファイル]-[新規ライブラリ]を選択します（**図9**）．シンボルを作成したときと同様に，「ライブラリ テーブルへ追加」ダイアログが表示されるので，同様に新規ライブラリを作成します．

図8　完成したフットプリントの例

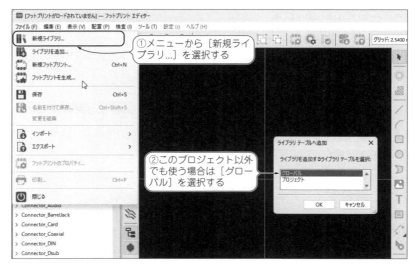

図9　フットプリントのライブラリを作成する

第8章——必ず直面する…ライブラリにない部品をKiCadに追加するフロー

今回は，グローバル・ライブラリとして"CQPub_Jumper_Example(.pretty)"というファイル名でフットプリント ライブラリを作成します．

● 新規フットプリントの作成

シンボルの場合と同様に，画面左のライブラリ一覧から"CQPub_Jumper_Example"のフットプリント ライブラリを右クリックして，［新規フットプリント...］を選択します(図10)．「新規フットプリント」ダイアログが表示されるので，フットプリント名を入力し，フットプリント タイプとして，「スルーホール」または「SMD」(表面実装)を選択します．

> **スルーホール**：基板上に，内側にメッキを施して導通させる穴(スルーホール)を作成します．リード線の足がある部品向けのフットプリントです．
> **SMD**：基板に穴は開けず，基板表面に，電極を露出させたパターンを作ります．表面実装部品(Surface Mount Device：SMD)向けのフットプリントです．

ここではフットプリント名を"SimpleJumper"，フットプリント タイプを「スルーホール」として作成します．

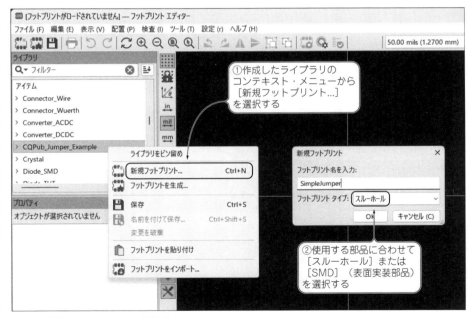

図10 新規フットプリントを作成する

3―部品のフットプリントの作成

● パッドの配置

　画面右のツールバーから[パッドを追加]アイコンを選択して，画面上をクリックし，エディター上にパッドを配置します(図11)．パッドを配置するたびにパッドの番号が1つずつ増え，連番で番号が割り振られます．ここでは2つのパッドを配置します．これでシンボルの端子に対応するパッドができたので，最低限動作するという観点では，これだけでもフットプリントとして利用可能です．

　配置したパッドのコンテキスト・メニューから[プロパティ]を選択すると，詳細設定を行えます(図12)．パッドの形状を細かく指定する場合は，ここで設定を行います．

● シルク印刷の描画を整える

　シルク印刷の描画はなくても動作しますが，実用的なデータを作るためには必要です．図13に示す画面右のレイヤー一覧から「F.Silkscreen」を選択して，図形描画の機能を使って描画します．ここでは，2つのパッドが同一のフットプリントであることを示すため，パッドの間に線を引きました．

　リファレンス番号の文字も，見やすい位置に移動します(画面右ツールバーの[アイテム

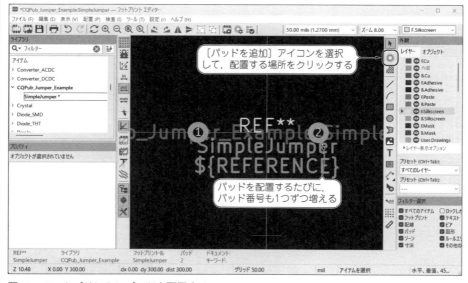

図11　フットプリントにパッドを配置する

図12 パッドのプロパティを設定する

図13 シルク印刷面を描画する

3―部品のフットプリントの作成

を選択]アイコンを選んだ状態で，該当のアイテムを右クリックして，コンテキスト・メニューから[移動]を選択する）．

● フットプリントの中心位置の設定

最後に，フットプリントの中心位置アンカーを再設定します．

画面右ツールバーの[フットプリントのアンカーを配置]アイコンを選択し，中心としたい位置をクリックして設定します．スルーホール部品の場合は，1番のパッドに合わせてアンカーを設定します．

これでフットプリントは完成です．[ファイル]-[保存]を選択して，フットプリントを保存します．

4 ── 作成したシンボルとフットプリントの呼び出し

作成したシンボルとフットプリントはそれぞれ回路図エディター，PCBエディターから使用できます（**図14**）．作成したライブラリを登録すれば，KiCad添付の標準ライブラリと同様に扱えます．

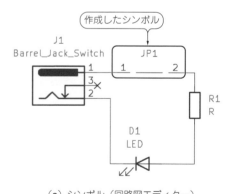
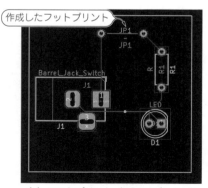

（a）シンボル（回路図エディター）　　（b）フットプリント（PCBエディター）

図14　自作した部品を使用したところ

第1部　KiCadプリント基板設計入門

第9章

部品シンボルの作成

KiCadの標準ライブラリに収録されているシンボルは，「KiCadライブラリ規約（KLC；KiCad Library Convention）」というルールに基づいて構成されています．実践的に使えるシンボルを作成する場合は，このルールに従って作成します．

KiCadライブラリ規約は以下のURLから参照できます．

https://klc.kicad.org/

データ作成上注意すべきポイントも多く書かれているので，主要な箇所を確認しながらシンボルを作成していきます．

本章では，無線モジュールMDBT50Q‑1MV2（Raytac社）[1]を例に，シンボルの作成方法について解説します．なお，このシンボルは，すでにKiCadの標準ライブラリに"RF_Module:MDBT50Q‑1MV2"として収録されています．自分で作成してみる場合は，ライブラリ名を変え，標準ライブラリと重複しないようにしてください．

1 ── シンボルの新規作成

新規にシンボルを作成する場合には，シンボルを格納するライブラリ（シンボル ライブラリ）とシンボルを作成します．

● 規約に従って命名する

新規シンボル作成時に入力が必須なのはシンボル名のみです．シンボル ライブラリおよびシンボルの命名規約がKiCadライブラリ規約に定められているので，それに従って命名します（コラム1を参照）．

1─シンボルの新規作成　109

Column 1

KiCadの部品シンボル・ライブラリには命名規約がある

● 名前等に関する総則

　ライブラリ名，シンボル名，フットプリント名の総合的な規約として，以下が定められています．これは主に，KiCadが動くWindows，UNIX，Mac OS Xで共通に利用できることを目的としています．

- 名前に使用できる文字は以下に挙げる文字のみ(KLC G1.1)
  1. 英数字(A-Z, a-z, 0-9)
  2. アンダースコア(_)
  3. ハイフン(-)
  4. ピリオド(.)
  5. カンマ(,)
  6. プラス記号(+)
- 1つのライブラリに収録できる項目は250個以内(KLC G1.2)
- 米国英語で表記する(KLC G1.4)
- 単語の複数形を使わない(KLC G1.5)
- ファイルの改行はUNIX改行(LF)を使用する(KLC G1.7)

● ライブラリ名について

　シンボル ライブラリは次の優先度で必要なカテゴリを選択して名前を付けます．必要に応じてサブカテゴリも含めるようにします．それぞれのカテゴリ名の間はアンダースコアでつなぎます．

- シンボル ライブラリの名前は以下から必要な要素を選択し，それぞれのカテゴリ名の間をアンダースコアでつなぐ(KLC S1.1)
  1. 機能名(例：Sensor, Amplifier, MCU)
  2. 副機能名(例：Temperature, CurrentSense)
  3. 第3の修飾子(例：CMOS)
  4. 製造者名(例：Atmel, Infineon)
  5. シリーズ名(例：PIC24, STM32)
  6. ライブラリ追加情報(例：Deprecated)

● **シンボル名**について

　シンボルは完全指定のものと汎用のものに分けられます．抵抗やコンデンサは汎用のものですが，ICのように型番で指定されるものは完全指定のシンボルになります．この2つは命名のルールが異なります．

- シンボルの一般的な命名規約は以下のとおり（KLC S2.1）
  1. シンボルにライブラリ名と同じ名前を付けない
  2. 複数の製造者がある場合は製造者名を一番初めに付与する
  3. 完全指定のシンボルは製造者の部品番号をベースに名前を付ける
  4. 汎用のシンボルはデバイスの種別を名前にする

● **リファレンス指定子の接頭辞**について

　ライブラリ協定では，部品の種別ごとにリファレンス指定子の接頭辞（リファレンス指定子がU1の場合のUの部分）を決めています（KLC S6.1，表A）．

接頭辞	部品種別	接頭辞	部品種別
A	サブアセンブリまたはプラグイン・モジュール	LS	スピーカまたはブザー
		M	モータ
AE	アンテナ	MK	マイクロフォン
BT	電池	P	プラグ，コネクタ・ペアの可動部分
C	コンデンサ	Q	トランジスタ
D	ダイオード	R	抵抗器
DS	ディスプレイ	RN	抵抗ネットワーク
F	ヒューズ	RT	サーミスタ
FB	フェライト・ビーズ	RV	バリスタ
FD	基準	SW	スイッチ
FL	フィルタ	T	変成器
H	ハードウェア（取り付けネジなど）	TC	熱電対
J	ジャック，コネクタ・ペアの固定部分	TP	テスト・ポイント
JP	ジャンパ / リンク	U	集積回路（IC）
K	リレー	Y	水晶発振子 / オシレータ
L	インダクタ，コイル，フェライト・ビーズ	Z	ツェナー・ダイオード

表A　部品種別ごとにリファレンス指定子の接頭辞が定められている

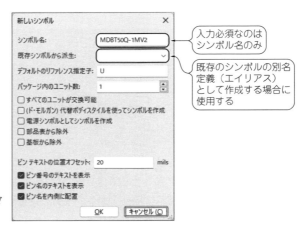

図1　新しいシンボルのプロパティの設定ダイアログ

新規シンボル作成時に，シンボルのプロパティの一部を設定することもできます．

▶設定例

MDBT50Q-1MV2のシンボルを作成する場合の，命名例を示します．

- シンボル ライブラリ名：　RFModule（機能名）
- シンボル名：　　　　　　MDBT50Q-1MV2（製造者の部品番号）
- リファレンス指定子：　　U［集積回路（IC）］

なお，ここで例として挙げたモジュールはすでに標準ライブラリに収録されているので，同じ名前で作成しないでください．標準ライブラリに登録せず自分用に使うのであれば，ライブラリ名を標準ライブラリと重複しない名前にして，作成します．

元のシンボルと見た目が同じで，型番などの情報だけ異なるシンボルを作りたい場合は，「既存シンボルから派生」の欄にシンボル名を指定して（図1），シンボルのエイリアスを作成します．ICのセカンド・ソース品のシンボルを作成するような場合に使います．

2 ── シンボルのプロパティの設定

● 対応するフットプリントやピン名などの基本情報の設定

シンボルのプロパティを設定します．設定は，シンボル エディターのメニュー・バーから［ファイル］-［シンボルのプロパティ ...］を選択（または，上ツールバーから［シンボルのプロパティ ...］アイコンを選択）して，図2に示すダイアログから行います．

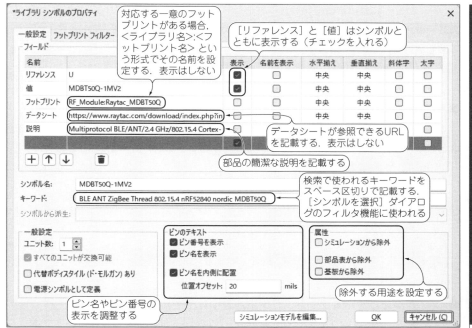

図2 シンボルのプロパティを編集する

　シンボルのプロパティには，対応するフットプリントやデータシートの情報，検索キーワード，ピン名などの表示について設定します．

　シンボルのプロパティの設定についても，KiCadライブラリ規約に規定されています（KLC S6.2）．特に，[説明]と[キーワード]，[フットプリント フィルター]はそれぞれ固有の入力ルールに従って入力します．

▶設定例

　このシンボルに固有のフットプリントを作成するので，[フットプリント]フィールドにその名前「RF_Module:Raytac_MDBT50Q」を入力します．

　[データシート]には，データシートを参照できるURL「https://www.raytac.com/download/index.php?index_id=43」を設定します．

　[説明]には，部品の簡潔な説明を記載します．デフォルトのフットプリントがある場合には，パッケージ形状(DIPやSSOPなど)をカンマで区切って末尾に追記することを推奨します．

［キーワード］には，検索で使われるキーワードをスペース区切りで記載します．ここに入れたキーワードは，「シンボルを選択」ダイアログのフィルタ機能に使われます．

ダイアログ左下の［一般設定］のグループは，主にロジックICや電源シンボルを作るときに設定を有効にします．今回作成するシンボルでは関係ないので，設定は不要です．

● ピン名の表示位置に関する規約

ピン名のオフセット（ピンに対する，ピン名の相対表示位置）は20mil（＝0.508mm）を原則として，場合によってはより大きな値も許容されると規定しています（KLC S3.6）.

- ピン名のオフセットは50mil（1.27mm）未満でなければならない
- ピン名のオフセットは20mil（0.508mm）未満にはしないほうがよい．望ましい値は20mil

ちなみに，フィールド上に表示する文字のサイズは50milに設定されているので，この規約に従うと，ピン名のオフセットは1字分以内となります．

● フィルタを設定してフットプリントを見つけやすくする

「フットプリントを割り当て」の画面でシンボルに対応するフットプリントを効率良く探せるように，「フットプリント フィルター」を設定できます．シンボルのプロパティのダイアログの中にある［フットプリント フィルター］タブで行います（図3）.

フットプリント フィルターが登録されていない場合は，フットプリントの割り当てを行う際に候補の絞り込みが行われず，すべてのフットプリントが表示されます．

フットプリント フィルターにも多くの細則があります（KLC S5.2）．一部を以下に示し

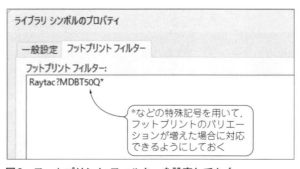

図3　フットプリント フィルターを設定しておく

ます．＊は，任意の複数文字に対応できる特殊記号（ワイルド・カード）です．また，任意の1文字に対応する特殊記号"?"も使えます．

- フットプリントのバリエーションが増えた場合に対応できるよう，末尾に＊を付ける
- サイズが規定されている場合は，フィルターにそれを含めるようにする
- ピン数の情報は指定せず＊にする
- フィルターにはライブラリ名は含めない

▶設定例

図3に，自作のフットプリントRaytac_MDBT50Qを想定して，フィルターを指定した例を示します．将来的にフットプリントのバリエーションが発生する可能性があるので，末尾に＊を付けた「Raytac?MDBT50Q＊」を設定します．

3 ── ピンのプロパティの設定

シンボルの作成のメインとなるのが，ピン（部品の端子）の配置と設定です．

● ピンは連続配置できる

［ピンを追加］の操作でピンの配置を行います．画面をクリックして1つめのピンを追加した後は，ホットキーの［Insert］を押すと，連番を付けながら連続でピンを追加することができます．初めに，データシートに定義されているピンの数だけピンを配置します．ピンの設定を行った後に，正しくレイアウトしていきます．

● ピンのプロパティ設定の実際

ピンを配置したら，それぞれのピンのプロパティを設定します．図4に示すように，すべてのピンを一括で編集できる「ピン テーブル」ダイアログを使うのが便利です（シンボル エディターのメニューバーから［編集］→［ピン テーブル…］を選択）．

ピン テーブルで表示されない設定（［可視性］など）を変更する場合は，個々のピンのプロパティを開いて設定を行います（図5，該当するピンを右クリックして［プロパティ…］を選択）．

項目は次のように設定します．

3─ピンのプロパティの設定　115

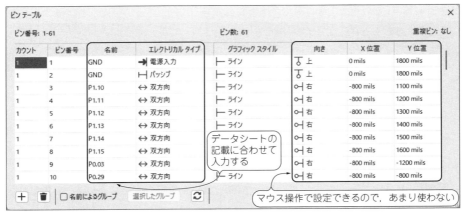

図4 「ピン テーブル」ダイアログでピンの設定を行う

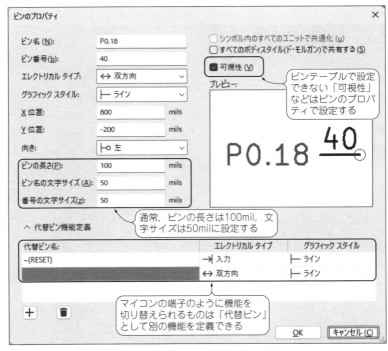

図5 ピンのプロパティの設定ダイアログ

116　第9章 —— 部品シンボルの作成

表1　エレクトリカル タイプの種類

名　称	詳　細
電源入力	VCC などの電源供給のピンと GND
電源出力	PWR_FLAG や，電源を再出力するピン
入力 / 出力	ロジック IC や OP アンプのように入出力が決まるピン
双方向	マイコンの入出力ピンのように設定によって変わるもの
未接続	データシート上で Not Connected と明示されているピン
パッシブ	受動部品のピン

- [ピン名]は表示用なので，データシートの定義に従ってピン名を設定する
- アクティブ"L"のピン名には"~"と"‖"の記号を使って上線を付ける．ピン名にアクティブ"L"を示す接頭辞などが付いている場合は削除して上線を付ける（二重反転させない）
- [ピン番号]はフットプリントのパッド番号と対応づけられるので，データシートの定義に従って番号を設定する．ピン番号は重複させない
- [エレクトリカル タイプ]は，ピンの用途に合わせて選択する（**表1**）
- [グラフィック スタイル]は，主にIEC規格の論理回路記号を作成する場合に使われる．通常はデフォルトの[ライン]で問題ない
- [X位置]，[Y位置]，[向き]は，ピンの位置の細かな調整が行える．画面上の操作でもピンを動かせるので，使う必要性は少ない

　エレクトリカル タイプの情報は電気的ルール・チェック（ERC）に用いられるので，エラーにならないように設定する必要があります．設定に迷う場合は，デフォルトの「入力」のままにしておけば，未接続以外のエラーにはなりません．

　エレクトリカル タイプの設定においてGNDとVCCが共に電源入力なのは一見奇妙ですが，これは，PWR_FLAGと組み合わせて電源ピンが樹形図的につながっているかをチェックするための仕組みです．ERCではPWR_FLAGのシンボルが電源出力であり，PWR_FLAGが接続されるピン（PWR_FLAGから供給を受ける側）に「電源入力」を設定します．また，そのシンボルから電源が再出力されている場合は「電源出力」を設定します．

▶設定例

　MDBT50Qのピンの割り当ては，データシートに掲載されています．ピン番号，ピン名，ピンの機能を見ながら，**表2**のようにピンを設定します．

3―ピンのプロパティの設定　117

第1部　KiCadプリント基板設計入門

表2　MDBT50Qのピン設定一覧

データシートを参照して，このように設定した．

ピン番号	ピン名（/ 代替ピン）	エレクトリカルタイプ	ピン番号	ピン名（/ 代替ピン）	エレクトリカルタイプ
1	GND	電源入力	31	DCCH	電源出力
2	GND	パッシブ	32	VBUS	電源入力
3	P1.10	双方向	33	GND	パッシブ
4	P1.11	双方向	34	D −	双方向
5	P1.12	双方向	35	D +	双方向
6	P1.13	双方向	36	P0.14	双方向
7	P1.14	双方向	37	P0.13	双方向
8	P1.15	双方向	38	P0.16	双方向
9	P0.03/AIN1	双方向 / 入力	39	P0.15	双方向
10	P0.29/AIN5	双方向 / 入力	40	P0.18/ ̄RESET	双方向 / 入力
11	P0.02/AIN0	双方向 / 入力	41	P0.17	双方向
12	P0.31/AIN7	双方向 / 入力	42	P0.19	双方向
13	P0.28/AIN4	双方向 / 入力	43	P0.21	双方向
14	P0.30/AIN6	双方向 / 入力	44	P0.20	双方向
15	GND	パッシブ	45	P0.23	双方向
16	P0.27	双方向	46	P0.22	双方向
17	P0.00/XL1	双方向 / 入力	47	P1.00/TRACEDATA0	双方向 / 出力
18	P0.01/XL2	双方向 / 入力	48	P0.24	双方向
19	P0.26	双方向	49	P0.25	双方向
20	P0.04/AIN2	双方向 / 入力	50	P1.02	双方向
21	P0.05/AIN3	双方向 / 入力	51	SWDIO	双方向
22	P0.06	双方向	52	P0.09/NFC1	双方向 / 入力
23	P0.07/TRACECLK	双方向 / 出力	53	SWDCLK	入力
24	P0.08	双方向	54	P0.10/NFC2	双方向 / 入力
25	P1.08	双方向	55	GND	パッシブ
26	P1.09/TRACEDATA3	双方向 / 出力	56	P1.04	双方向
27	P0.11/TRACEDATA2	双方向 / 出力	57	P1.06	双方向
28	VDD	電源入力	58	P1.07	双方向
29	P0.12/TRACEDATA1	双方向 / 出力	59	P1.05	双方向
30	VDDH	電源入力	60	P1.03	双方向
			61	P1.01	双方向

　DCCH（DC‑DCコンバータの出力ピン）は電源の再出力となっているので，［電源出力］を設定します．

● ピンに関する一般的な規約

　KiCadライブラリ規約では，ピンの設定に関する要件として以下が定められています

（KLC S4.1）．

- 100milのグリッド上に配置する
- ピンの長さは100mil以上300mil未満にする
  - ピンの長さは50milずつ伸ばす．ピン番号が2文字までなら100mil，3文字なら150mil，などとする
  - 1つのシンボルにあるすべてのピンは同じ長さにする
- ピン番号は一意とする（2つのピンに同じ番号を付けない）

4 ── ピンのレイアウト

ピンの配置は自由に行えますが，KiCadライブラリ規約に従って配置するのが良い習慣です．これにより，標準ライブラリに含まれるほかのシンボルと混在させたときでも違和感なく使えます．

● ピン配置に関する規約

規約では，ピンを機能ごとにグループ化することや，シンボルの上下左右にどのようなピンを配置するのかが定められています（KLC S4.2）．

- 同様の機能を持つピンはグループ化する　　　　　　（例）UARTのTXとRX
- ポートは上から下に並べる
- 正の電源ピンはシンボルの上部に配置する　　　　　（例）VCC，VDD，V＋
- 負の電源ピンとGNDピンはシンボルの下部に配置する　（例）GND，VSS，Vなど
- 入力はシンボルの左側に配置する
- 出力はシンボルの右側に配置する

▶設定例

MDBT50Qのデータシートを参照し，規約に従ってピンを配置したものが**図6**です．電源ラインとなるVDD，VDDH，VBUS，DCCHは電源のラインなので上に配置し，GNDは下に配置します．

マイコンの入出力端子のエレクトリカル タイプは「双方向」なので，中央の左右に配置します．主な用途が入力のものは左に，出力のものは右に配置して，ピン名の文字が見やすいように整えます．

4─ピンのレイアウト 119

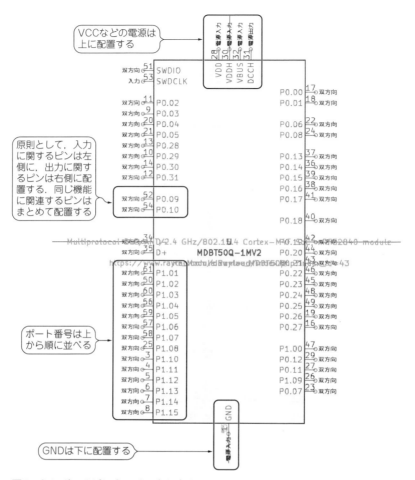

図6　シンボルのピンをレイアウトする

● 複数のピンが同じ接続を共有する場合はピンを重ねる(スタック)

　規約では，複数のピンが同じ接続を共有する場合には，ピンをまとめて1カ所に重ねる（スタックする）ように定めています（KLC S4.3）．条件は以下のとおりです．

- シンボル内部でピン同士が同じネットに接続されていると見なせること
- ピン同士が同じ名前，同じエレクトリカル タイプで，かつ「未接続」でないこ

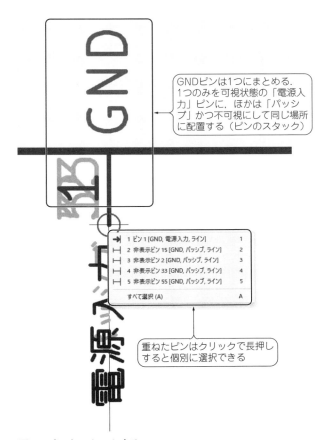

図7 ピンをスタックする

と
- データシートでピンにそれぞれデカップリング・コンデンサを接続する指定がないこと

　上記の条件を満たす場合は，ピンのプロパティの設定で1つのピンのみを表示に設定(可視性にチェック)し，その他をすべて非表示にして同じ場所に配置します．

　ただし，エレクトリカル タイプが「出力」，「電源出力」，「電源入力」の場合は，非表示とするピンのエレクトリカル タイプを「パッシブ」に設定します(GNDは「電源入力」に設定するので，このケースに該当する)．

▶設定例

図7に，GNDピンをスタックした箇所の拡大図を示します．1，2，15，33，55のピンがGNDのピンですが，ここでは1番ピンだけ表示し，ほかは非表示にして重ねて配置しています．GNDは「電源入力」のピンなので，規約に従って，非表示にしたピンのエレクトリカル タイプを「パッシブ」に設定します．

5 ── シンボルの外観の描画

シンボルの外観は，ピンと図形を組み合わせて，回路図上でわかりやすい図案を作成します．抵抗など特定の回路図記号を持つ部品については，回路図記号を描画して図案を作成します．ICのような，特定の記号がないパッケージ化された部品は，単純な矩形として描きます．

回路図記号を持つ部品は標準ライブラリに多数収録されているので，実際に作る機会が多いのは，矩形で表すICのようなものが多いでしょう．

● 手順

シンボルの外観は以下の手順で作成します．

(1) シンボル エディターの画面の右ツールバーにある[矩形を追加]アイコンを選択して，画面上に矩形を描画します．

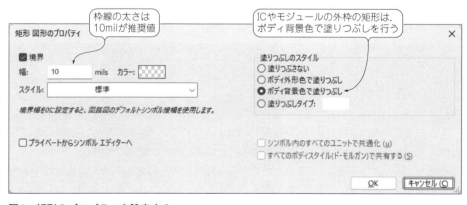

図8　矩形のプロパティを設定する

(2)描いた矩形を右クリックして，開いたコンテキスト・メニューから［プロパティ…］を選び，開いたダイアログで枠線や塗りつぶしのスタイルを設定します（**図8**）．

(3)シンボルのアンカーを，シンボルの中央に設定します．右ツールバーにある［シンボルのアンカーを移動］アイコンを選択し，画面上のシンボルの中央をクリックして，アンカーを設定します．

(4)矩形の周辺に接続端子となるピンを配置して，シンボルを作り込んでいきます．

ピンを見やすくレイアウトできたら，シンボルは完成です（**図6**）．

● シンボルの外観デザインについての規約

シンボルの外観デザインについても，KiCadライブラリ規約に規定があります．

- 外枠と塗りつぶしに関する規定（KLC S3.3）
  1. 枠線の線幅は10milに設定する
  2. ICなどパッケージ化された部品は［ボディ背景色で塗りつぶし］を設定する
  3. 抵抗やコンデンサのようなディスクリート部品のシンボルは［ボディ背景色で塗りつぶし］を行わない
- 原点はシンボルの中央に設定する（KLC S3.1）

◆**参考・引用*文献**◆
(1)* Raytac；MDBT50Q‐1MV2，https://www.raytac.com/product/ins.php?index_id=24

第1部　KiCadプリント基板設計入門

第10章

部品フットプリントの作成

　フットプリントを作成する際も，シンボルの場合と同様に，KiCadライブラリ規約
（KLC，https://klc.kicad.org/）が良いデザインの指針となります．ここでは，第9章と同
じ無線モジュールMDBT50Q-1MV2を例に，フットプリントの作成方法を解説します．
製造に関係するため，規約がいろいろあります．

1 ── フットプリントの新規作成

　新規にフットプリントを作成する場合には，フットプリントを格納するライブラリ（フ
ットプリント ライブラリ）とフットプリントを作成します．

● 規約に従って命名する

　ライブラリ名などの命名規約は，KiCadライブラリ規約に定められています（コラム1
を参照）．

▶設定例

　MDBT50Q-1MV2のフットプリントを作成する場合の命名例を示します．

- フットプリント ライブラリ名：　　RFModule（機能名）
- フットプリント名：　　　　　　　Raytac_MDBT50Q

　なお，ここで例として挙げたフットプリント ライブラリ名はすでに標準ライブラリに
登録されているので，同じ名前で作成しないでください．自分用に使うのであれば，ライ
ブラリ名を標準ライブラリと重複しない名前にして，作成します．
　フットプリント名については，このフットプリントがこの部品固有のもの（標準的な規

124　第10章──部品フットプリントの作成

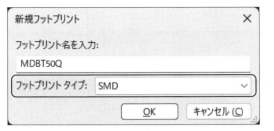

図1 新規フットプリントのダイアログでスルーホール部品か表面実装部品(SMD)かを設定する

格に沿ったものではない)なので，製造者名と型番をアンダースコア(_)でつないだ名前にします．また，MDBT50Q-1MV2にはフットプリントを共通で使えるバリエーションとしてMDBT50Q-U1MV2が存在するので，共通部分の「MDBT50Q」を使います．

● スルーホール部品か表面実装部品かの設定

フットプリント エディターの画面左側のライブラリ一覧から保存先のフットプリント・ライブラリを選択して，右クリックで表示されるコンテキスト・メニューから[新規フットプリント]を選択します．**図1**のダイアログが表示されるので，フットプリント名を入力し，フットプリントのタイプ(スルーホール/SMD/その他)を指定します．

2 — パッドの配置

パッドは，部品をはんだ付けするための，銅はくの露出部です．部品の足があるところに配置します．

フットプリント エディターの画面右ツールバーにある[パッドを追加]アイコンを選択して，パッドを置く箇所をクリックします．パッドは部品の実寸に合わせて配置する必要があります．データシートの寸法図や実測の値に合わせて位置を決めていきます．フットプリントの推奨パターンのデータなどがあれば，それに従って作成します．

配置するパッドの形状は[デフォルトのパッド プロパティ ...]の設定が反映されます(**図2**)．パッドは同じ形状のものを繰り返して配置することが多いので，先にデフォルトの値を設定しておくと便利です．

● パッドの配置に関する規約

パッドの配置はデータシートに記載されている寸法に従います．規約には以下が定められています．

- 1番ピンが左上にくる向きに配置する（KLC F4.2）
- 表面実装部品（SMD）のパッド間の間隔は，0.2mm以上空ける（KLC F6.3）

▶設定例

MDBT50Qのデータシートには，パッド配置の推奨パターンが**図3**のように示されています．これに沿ってパッドを配置します（**図4**）．

MDBT50Qではパッドの形状はすべて同じなので，先にデフォルトの値を設定してから配置を行うと作業が容易です．

Column 1

KiCadのフットプリント・ライブラリにも命名規約がある

● 名前などに関する総則

ライブラリ名の使える文字の種類，ファイル・フォーマットなどの規則は，シンボルの場合と同様に，名前に関する総則に従います（第9章のコラム1を参照）．

● ライブラリ名について

フットプリント ライブラリ名の付け方は，シンボル ライブラリ名と同様です（第9章のコラム1を参照）．

● フットプリント名について

汎用的な部品のフットプリントに関しては，部品の種別ごとに多くの細則が決められています（表面実装の部品のサイズの規格や，ICのパッケージのバリエーションなどがある場合の名前の付け方など）．

フットプリントの名前の一般的なルールは，次の順序で各要素をアンダースコアでつないでフットプリント名とします．

- 一般的なフットプリント命名規約（KLC F2.1）
  1. パッケージ・タイプや汎用的な部品名を最初に付ける（例：QFN，R）

126 　第10章——部品フットプリントの作成

図2 デフォルトのパッド プロパティを設定しておくと便利

2. パッケージ名とそのピン数をハイフンでつなぐ
   （例：TO-90，QFN-48，DIP-20）
3. 特殊なピンがある場合，ピンの識別子の前にピン数を付ける
   ［例：［ピン数］EP（放熱用の露出パッド），［ピン数］MP（部品の取り付けのみに使うパッド）など］
4. フットプリント固有のパラメータ（製造者や名前など）はアンダースコアでつなぐ
5. パッケージの寸法を，長さ×幅（×高さ）+単位で表す
   （例：3.5x3.5x0.2mm，1x1in）
6. ピンの配置を行×列で表す（例：1x10，2x15）
7. ピンの間隔を先頭にPを付けて示す（例：P1.27mm）
8. 標準的なフットプリントのバリエーションを示す
   （例：Drill1.25mm，Pad2.4x5.2mm）
9. 向きを示す（例：Horizontal，Vertical）
10. 別のフットプリントを元にして変更を加えたものである場合，変更の内容を示す（例：_HandSoldering，_ThermalVias）

詳細はライブラリ規約を参照してください．また，実際にはフットプリントは多種多様で，さらに多くの細則が定められています（KLC F3の項目を参照）．

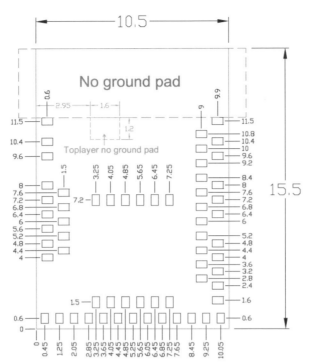

図3　MDBT50Qの推奨パッド配置

図面の原点と［グリッド原点］を合わせて，［相対位置…］でグリッド原点からの相対位置を指定すると，数値で位置が指定できる

等間隔でパッドが並ぶ場合は［配列を作成］すると効率的

図4　推奨パターンに沿ってパッドを配置する

第10章── 部品フットプリントの作成

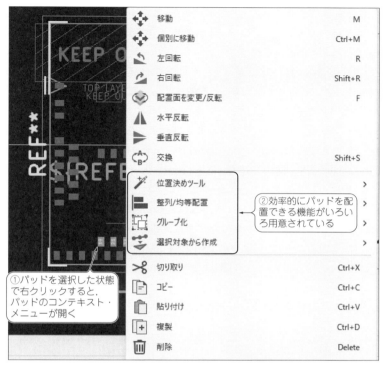

図5 パッドの配置はコンテキスト・メニューを使うと便利
［整列/均等配置］を表示したいときは，複数のパッドを選択した状態でコンテキスト・メニューを開く．

　図面の数値を参照しながらパッドを配置するときは，コンテキスト・メニューの［位置決めツール］-［相対位置…］の機能で数値指定をすると便利です．等間隔で1列にパッドを並べる場合には，コンテキスト・メニューの［整列/均等配置］や，［選択対象から作成］-［配列を作成…］を使うと，効率的にパッドを配置できます（**図5**）．

3 ── パッドのプロパティの設定

● プロパティの設定内容

　パッドのプロパティ（**図6**）では，パッドやドリル穴の形状などを決定します．
　［パッドのタイプ］は部品の形に合わせて選択します．表面実装部品は「SMD」，スルーホール部品の場合は「スルーホール」を使います．

［パッド形状］は，形と寸法を指定します．データシートの記載に合わせて設定します．スルーホール部品の場合は，さらにドリル穴の設定を行う必要があります．［穴形状］は通常は「円」で，サイズの設定を行います．

　その他の項目については，通常はデフォルトの値で問題ありません．［パッドからダイへの長さを指定］は，差動ペアのような，配線の長さを考慮する必要がある場合に使われます．データシートに記載があればそれを反映します．

　［接続］タブは，ティアドロップやサーマル・リリーフなどの，パッドと配線の接続に関する処理を設定します．［クリアランスのオーバーライド］タブは，このフットプリント固有でクリアランスの指定が必要な場合に設定します．いずれも部品のデータシートに規定がなければ，デフォルトのままにします．

▶設定例

　MDBT50Q-1MV2の推奨パッド配置のパターンでは，パッドのサイズはすべて0.6mm×0.4mmです．図6のように［パッドのタイプ］をSMD，［パッド形状］は四角，［パッドサイズX］は0.6mm，［Y］は0.4mmに指定します．他の項目はデフォルト値のままで問題ありません．

　いずれか1つのパッドの設定を行った後にコンテキスト・メニューから［パッドのプロ

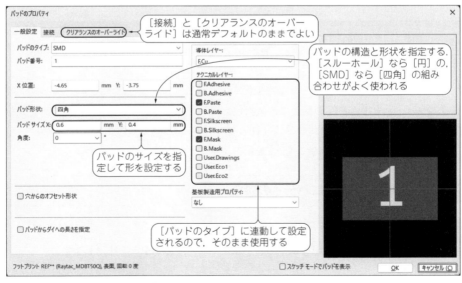

図6　パッドのプロパティを設定する

第10章——部品フットプリントの作成

パティをデフォルト値にコピー]を行うと，以降に配置するパッドがこの値に設定されます．この例ではすべてのパッドは同じ形なので，初めにこの設定をしてから配置を行うと作業が容易になります．

● パッドのプロパティに関する規約

パッドのプロパティについての主な規約を，以下に示します．

＜表面実装部品／スルーホール部品共通＞
- データシートと規約が異なる場合はデータシートを優先する（KLC F4.1）
- 同一の接続を持つパッドには同じ番号を割り当てる（KLC F4.3）
- ［クリアランスのオーバーライド］タブのクリアランスに関する値は0にする（KLC F4.6）
- スルーホール部品，SMD部品それぞれの指定を行う（KLC F6.1，F7.1）
- 部品のタイプを，表面実装部品の場合はSMD，スルーホール部品の場合はスルーホールに設定する（KLC F6.1，F7.1）

＜表面実装部品の場合＞
- 基本的にデータシートの公称値に従ってパッドのサイズを設定する（KLC F6.3）
- 矩形のパッドは「角を丸めた長方形」を使う（KLC F6.3）
- メーカで許容値を設定している場合は，その範囲内でサイズを変更できる（KLC F6.3）
  - データシートの最小値よりも小さいパッドは使用不可とする
  - パッドを最大値より大きくする場合は，はんだマスクを最大値に合わせる（露出する部分をデータシートの最大値に合わせる）

＜スルーホール部品の場合＞
- 1番ピンはパッド形状を「四角」もしくは「角を丸めた長方形」にする（KLC F7.3）
- アニュラーリングは0.15mm以上にする（KLC F7.5）
- ドリル穴の直径はリード線の直径より0.2mm以上大きくする（KLC F7.6）
- 長穴のドリル穴はリード線に対してすべての方向で0.2mm以上大きくなるようにする（KLC F7.6）

3―パッドのプロパティの設定　131

4 —— 補足情報の描画

銅はく面以外のレイヤーに部品の情報を追加して，フットプリントを使いやすいものにします．例えば，シルク印刷レイヤー（Silkscreen）には基板上に印刷するデータを設定します．コートヤード・レイヤー（Courtyard）には部品が実装される領域を示す情報を設定するので，これを使えば，基板上で部品配置が重なり合って実装できないデータになっていないかのチェックが行えます．

レイヤーに関する規約は，主にレイヤー種別ごとに記載されています．各レイヤーについての規約を**表1**と**表2**に示します．

表1　ライブラリ規約で規定する各種レイヤーの用途および制約

レイヤー	用途および制約
F.Silkscreen	部品極性を表示すること
	1番ピンを表示すること．また部品実装後に1番ピンの表示が見えること
F.Silkscreen, B.Silkscreen	表面実装部品実装時に，表示が隠れないようにすること
	パッドや導体層の上に直接描かないこと
	露出した導体層とのクリアランスは 0.2mm を推奨
F.Fab	部品外形を簡略に描くこと
	部品極性，1番ピンを表示すること
	フットプリント名を表示すること
F.Courtyard	部品実装に必要な領域を表示すること

表2　ライブラリ規約で規定する各種レイヤーの推奨値
ここでは，表側に部品を搭載する2層基板を主に想定している．

レイヤー	項目	推奨値
F.Silkscreen, B.Silkscreen	リファレンス番号の文字サイズ (*1)	1.0mm
	リファレンス番号の文字の太さ	0.15mm
	線幅	0.12mm（許容範囲：0.10 ～ 0.15mm）
	銅はく面露出部とのクリアランス	0.2mm
F.Fab	線幅	0.10mm（許容範囲：0.10 ～ 0.15mm）
	文字サイズ（*1）	1.0mm（許容範囲：0.5~1.0㎜）
	文字の太さ	文字サイズの15%程度
F.Courtyard	線幅	0.05mm
	グリッド幅	0.01mm
	部品実寸とのクリアランス	0.25mm

(*1) 1文字あたりの文字の幅．

● レイヤー全般に関する総則

レイヤーに関する総則は，描画レイヤー間での図形の重なりを禁じる規約のみです．

- 描画するレイヤー間の図形は重ならないようにする(KLC F5.4)

● シルク印刷レイヤー

シルク印刷レイヤー（[F.Silkscreen]，[B.Silkscreen]）には，シルクスクリーンで印刷するデータを描画します．主に部品の番号や，部品の取り付け方向を示す情報を印刷します．

＜シルク印刷レイヤーに関する規約＞(KLC F5.1)

- リファレンス番号の文字サイズは1mm，文字の太さは0.15mmとする
- 線の太さは0.10mm 〜 0.15mmの範囲(IPC-7351C規格に準拠)で，通常は0.12mmとする
- シルク印刷はパッドの銅はく露出部にかかってはいけない
  - シルク印刷と露出した銅はく部分との間隔は0.2mm以上を推奨
  - クリアランスは，シルク印刷の線幅またはソルダ・マスク開口部の幅(いずれか大きいほう)以上である必要がある
- 表面実装部品では，部品が実装された後でもすべてのシルク印刷が見える状態でなければならない(部品の下に書かない)
- スルーホール部品では，部品の実装をサポートするための情報は，実装する部品で隠れる箇所に描画してもよい
- 1番ピンを示す表示はF.Silkscreenに印字すること
- 1番ピンの表示は部品実装の後でも見えなければならない
- シルク印刷と基板の端は0.5mm以上空ける

● 部品の外形や極性などの情報を表示するFabレイヤー

Fabレイヤー（[F.Fab]，[B.Fab]）には部品の外形と部品の名称や極性などの情報を表示します．製造には影響しません．

第1部　KiCadプリント基板設計入門

4―補足情報の描画　133

<Fabレイヤーに関する規約>（KLC F5.2）

- 単純な図形で部品の外形線を描く
  - 線幅は0.10mm ～ 0.15mmが許容範囲で，0.10mmを推奨する
  - 外形線はシンプルな形状にして複雑な機能は使わない
  - データシートの公称値に従って描画する
- 極性，1番ピンを表示する
  - ICパッケージの場合は，1番ピンを角の切り欠きで表示する
  - 切り欠きの大きさは，パッケージ・サイズの25％もしくは1mmのいずれか小さいほう
  - コネクタの場合は小さな矢印で1番ピンを示す
- リファレンス指示子の2つ目のコピーをFabレイヤーに配置する（フィールドの設定によらず$|REFERENCE|のアイテムが配置されるので，追加は不要）
  - リファレンス指示子は部品の真ん中に置く
  - リファレンス指示子の向きは部品の主軸に合わせる
  - 部品のサイズに合わせてテキストを設定する
    - 同一レイヤーのほかの要素と被らないように，文字を減らして4文字に収めることを推奨する
    - 文字のサイズの制約で3文字に収まらない場合は，2つ目のリファレンスは部品の外に置くことができる（許容される最小の文字サイズとする）
  - 文字のサイズは1.0mmを推奨する（0.5mm ～ 1.0mmが許容範囲）
  - 文字の太さは文字のサイズの15％程度とする

● 実装領域を示すコートヤード・レイヤー

　コートヤード・レイヤー（[F.Courtyard]，[B.Courtyard]）には，実際に部品が実装される領域を表示します．実装した部品がぶつからないことをチェックするために使われます．

<コートヤード・レイヤーに関する規約>（KLC F5.3）

- 線幅0.5mmで描画する
- 0.01mmグリッドに合わせて線を描画する
- 背面にもコートヤードが必要な場合は，B.Courtyardにも描画する

- コートヤードは物理的な部品の大きさに依存し，データシートの部品の大きさからクリアランスを計算する

  クリアランスの決め方は以下の通り．
  - 他に特に指定がなければ 0.25mm
  - 0603(0.6mm × 0.3mm)よりも小さい場合は 0.15mm
  - コネクタの場合は，嵌合に必要な大きさから + 0.5mm する
  - 缶タイプのコンデンサは 0.5mm
  - 水晶振動子は 0.5mm
  - BGA 部品は 1.0mm

● 設定例

MDBT50Q のデータシートとライブラリ規約の推奨に沿って，図7のように各レイヤーに必要な情報を描き入れます．

シルク印刷は，部品の外形の外側に，1番ピンの表示と部品の取り付け位置がわかるようにデザインしています．

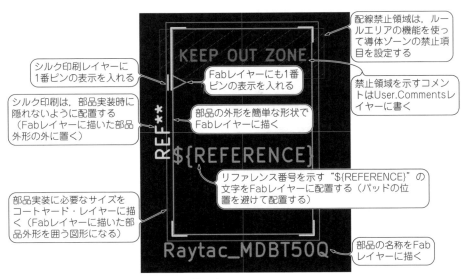

図7 フットプリントの各種レイヤーの使い方

Fabレイヤーには，部品の外形，1番ピンの表示，追加のリファレンス指定子などを表示します．部品の外形は足まで含めて，実際に部品が占有するスペースを簡単な図形で書きます．はんだ付けのためにパッドを大きくとっている箇所は含めません．1番ピンの表示は三角形で表示しています．'${REFERENCE}'のテキスト・アイテムがリファレンス指定子としてデフォルトで配置されています．これの位置が部品の外形の線に収まる場合は，中央に配置します．この例では中央にパッドがあるので，見やすい位置にずらして配置しています．

　コートヤード・レイヤーには，部品の実装のために必要な領域を示す枠線を描画します．Fabレイヤーに描いた部品の外形を囲う図形になります．コートヤードのデータを設定すると，基板エディターのDRC（デザインルール チェッカー）で，部品が実装できない不具合を検出できるようになります．

　MDBT50Qの推奨パッド配置では，導体層を配置することが禁止されている領域があります．この領域は［ルールエリアを追加］の機能を使って，銅はく面の配置や配線を禁止します（図8）．あわせて［User.Comments］レイヤーに，禁止領域（Keepout）であることを示すコメントを入れます．

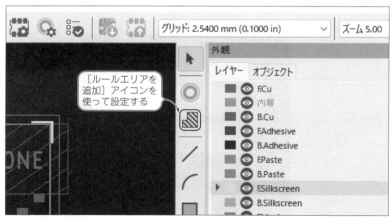

図8　導体層を配置できない領域を設定する

5 —— フットプリントのプロパティ設定

　フットプリント全体のプロパティを設定します(図9)．ほとんどの設定が表示用の設定です．基板製造用の「属性」のみ注意が必要です．

　基板製造用として設定する[部品のタイプ]は表面実装部品であれば「SMD」を，そうでなければ「スルーホール」を指定します．この設定は，PCBエディターの[ファイル]-[製造用出力]-[部品配置ファイル(.pos)]で，部品マウンタ装置の制御データを出力するときに使われます(つまり，基板を製造するだけであれば影響はない)．

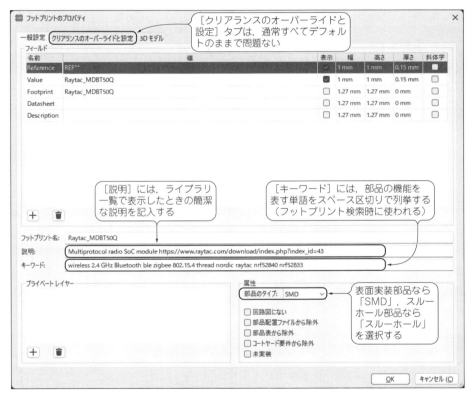

図9　フットプリントのプロパティを設定する

● フットプリントのプロパティに関する規約

- 必要に応じてメタデータを入力する（KLC F9.1）
  - リファレンス指定子フィールドはREF＊＊に設定する
  - 定数とフットプリント名の値は，フットプリントのファイルから拡張子の.kicad_modを除いたものと同じ名前にする
  - 説明の欄にはカンマ区切りでデバイスの情報を入力する．必要に応じてデータシートのURLを含めるようにする
  - キーワード欄にはスペース区切りでキーワードを入力する
- プロパティの値はデータシートで指定されていなければデフォルトのままにする（KLC F9.2）
  - [クリアランスのオーバーライドと設定]タブのクリアランスの値は，すべて0を指定する

▶設定例

図9のようにフィールドの[Reference（リファレンス指定子）]には"REF＊＊"が，[Value（定数）]にはフットプリント名が初期値として入っています．これらは変更不要です．

[説明]，[キーワード]にはライブラリの一覧で表示される説明と，検索で使われるキーワードを設定します．[説明]はカンマ区切りで簡単な記述を行います．必要に応じてデータシートのURLも記入します．[キーワード]はスペース区切りで検索の候補となるキーワードを記入します．いずれも，標準ライブラリの既存のフットプリントで似たような機能を持つものにならうのがよいでしょう．

[プライベートレイヤー]は通常，追加は行いません．[部品のタイプ]は表面実装部品なら[SMD]，スルーホール部品なら[スルーホール]を選択します．ほかの属性の各項目は，通常はチェック不要です．ロゴのような，部品と対応しないフットプリントを作る場合に使います．

6 ── フットプリントの基準点アンカーの設定

フットプリントの基準点アンカーを部品の中央に設定します．フットプリント エディター画面の右ツールバーの[フットプリントのアンカーを配置]を選択し（図10），アンカーを配置する箇所をクリックします．

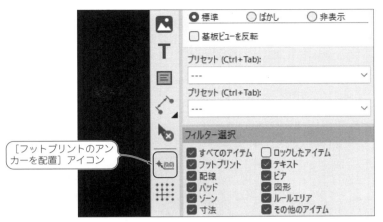

図10 フットプリントの座標原点（アンカー）の設定

● 基準点アンカーについての規約

部品のタイプによってアンカーの置く場所の規約が異なります．

- 表面実装部品は，アンカーを部品の中央に設定する（KLC F6.2）
- スルーホール部品は，1番ピンの位置にアンカーを設定する（KLC F7.2）

7 — 形状の3Dモデルの設定

3Dモデルの表示や，STEP形式データのエクスポートなどで使われる3Dモデルを設定します．なくても動作に支障はありません．

3Dモデルの形状データはKiCadでは作成できません．オープンソースのFreeCADや，Fusion（オートデスク）などの3D CADのツールで，VRML形式およびSTEP形式のファイルを作成します．

KiCadでの設定は，フットプリントのプロパティの［3Dモデル］タブを開いて，［スケール］（拡大縮小），［回転］，［オフセット］（移動）の値を設定します（**図11**）．フットプリントの3Dモデルの位置とサイズが合致するように設定します．

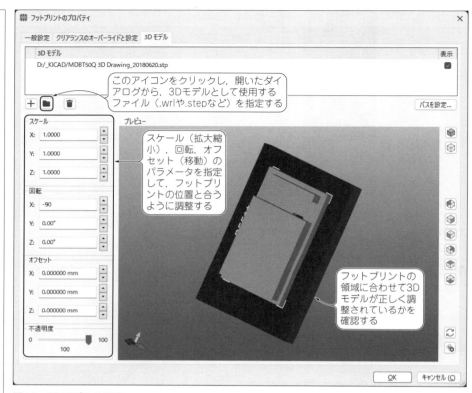

図11 3Dモデルの設定

● メーカが提供する3Dモデルを使う

フットプリントを公開せず個人的に利用するだけであれば，メーカ提供の3Dモデルを利用するのが便利です．

MDBT50Q-1MV2の3Dモデルはメーカから配布されているものを使います（https://www.raytac.com/document/index.php?index_m_id=12）．

配布されている圧縮ファイル（.rar）を解凍してMDBT50Q 3D Drawing_20180620.stpを取り出し，このファイルをフットプリントのプロパティ（図9）にある[3Dモデル]タブのフォルダ・アイコンから選択します．サイズは原寸で入力されているのでスケールの調整は不要ですが，向きが違うので[回転]の[X：]の値を"-90度"に設定します．

パターンとフィットするようにモデルが置かれれば設定は完了です．メーカの配布する

3Dモデルのライセンス規定に従って使用してください.

● 3Dモデルの作成・公開に関する規約

- FreeCADが好ましいツールである(KLC M2.3)
- 3Dモデルに関する利用権限を(標準ライブラリへの)貢献者が保有していること (KLC M1.2)
- 3Dモデルのソースのデータを提供すること(KLC M1.3)
- wrl形式とstep形式の両方のデータを提供すること(KLC M2.1)
- モデルの配置やサイズについて(KLC M2.2)
  - モデルの位置は原点に設定する
  - モデルの拡大縮小は行わない
  - モデルの回転をしないこと

　FreeCADは, KiCad用の3Dモデル作成の推奨ツールとなっています. 3Dモデルを出力するためのKiCad専用プラグイン(KiCad StepUp Mod, https://github.com/easyw/kicadStepUpMod/)もあり, KiCadのライブラリに登録されている3Dモデルの多くがFreeCADで作成されています. 専用のプラグインを使用することで, データに関する規定はおおむね自動的に守られます.

　データの権利の保有とソース・コードの提供については, この規約がOSSで公開されるライブラリに収録するための条件となっていることに由来するものです. 個人的な範囲で使用する場合は, この制約は受けません.

　FreeCADを使ったモデルの作成方法については, 本書の範疇を超えるため説明は割愛します.

7―形状の3Dモデルの設定　141

第11章

KiCadに付いている
SPICE回路シミュレータ

　KiCadにはオープン・ソースの回路シミュレータであるngspiceが組み込まれています．KiCadで作成した回路図でそのままシミュレーションを実行できます．

1 ── KiCadに組み込まれた回路シミュレータngspiceの基本

　回路シミュレータの基本的な使い方を，シンプルな抵抗とコンデンサからなるローパス・フィルタを例に解説します．
　図1のようなRとC，電源とGNDを使ったローパス・フィルタ回路です．

● 電源の設定

　SPICEシミュレーション特有の要素として電源の設定があります．KiCadでは

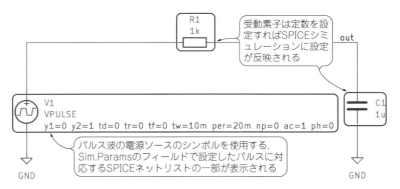

図1　KiCadにはSPICE回路シミュレータが付いていて基板回路の動作確認がカンタン(ローパス・フィルタ回路)

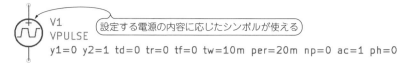

図2 電源ソースのシンボル

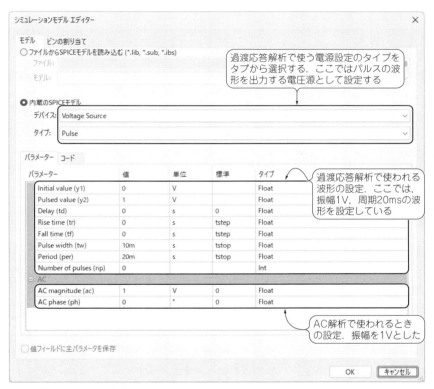

図3 電源ソースを設定する

Simulation_SPICEのシンボル・ライブラリに，**図2**のようなシミュレーションの電源設定に合わせたシンボルが収録されています．

ここではVPULSE(パルス出力を行う電圧源)のシンボルを使って回路図を作成し，電源の設定を行います．電源の設定はシンボルのプロパティのダイアログから[シミュレーションモデルを編集...]のボタンを押すことで行えます(**図3**)．

VPULSEのシンボルは，「内蔵のSPICEモデル」として「デバイス」が「Voltage

Source」に，「タイプ」が「Pulse」に設定されています．またダイアログ内の[パラメーター]タブに，入力可能なパラメータが表示されます．ここに値を設定して，電源の設定を行います．

図3ではACのパラメータとして振幅1V，位相0°を設定しています．また，パルスの波形として振幅1V，周期20ms，パルス幅10msを設定しています．これらはそれぞれ後述するAC解析，過渡応答解析で使われます．

● 抵抗やコンデンサの定数設定

SPICEシミュレーションを行うにあたって，回路にある抵抗やコンデンサの値を設定する必要があります．図1では，$R=1\mathrm{k}\Omega$，$C=1\mu\mathrm{F}$で設定しています．受動素子については，シンボルの定数を設定すればそれがシミュレーション・モデルに反映されます．シンボルの定数フィールドに抵抗値や静電容量を設定する場合に，数値の表記にはSI単位系の接頭辞が使えます．単位のohm，F，Hが末尾に入力されている場合には，KiCadはそれを読み飛ばします（付けても付けなくてもかまわない）．

2 —— 実行できる解析の種類

回路図エディターのメニューの[検査]-[シミュレーター …]を選択すると，シミュレーションのウィンドウが現れます．画面上部にあるツールバーの[新しい解析タブ…]アイコンを押して，図4のようにシミュレーションの設定を行います．KiCadのSPICEシミュレーション機能では，AC解析，過渡応答解析などが可能です．

今回は，AC解析を行って周波数特性をシミュレーションします．AC解析ではシミュレーションの細かさを指定する[1ディケードあたりのデータ点数]と，[開始周波数]，[終了周波数]でシミュレーションする周波数の範囲を指定します．ここでは，1ディケードあたりのデータ点数を「10000」，開始周波数は「1」，終了周波数は「1000000」を指定しました．1ディケードあたりのデータ点数ごとに計算が行われるので，この数が大きいとシミュレーションに時間がかかるようになります．処理能力が高くないコンピュータを使う場合はこの値をあまり大きくしないようにします．

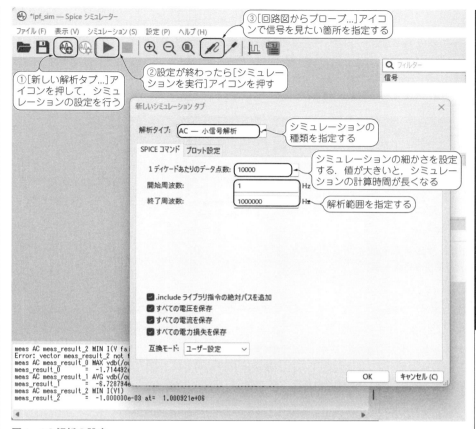

図4 AC解析の設定

3 — シミュレーションの実行

● プローブ点を設定して波形を見る

シミュレーションの設定が終わったら，ツールバーにある[シミュレーションを実行]アイコンでシミュレーションを実行します(**図4**)．画面下側の領域にメッセージが流れてシミュレーションの計算は実行されますが，これだけでは結果は表示されません．結果を表示するには電流，電圧の変化を表示する箇所を指定する必要があります．

ツールバーの[回路図からプローブ...]アイコンで対象となる点を指定します．アイコン

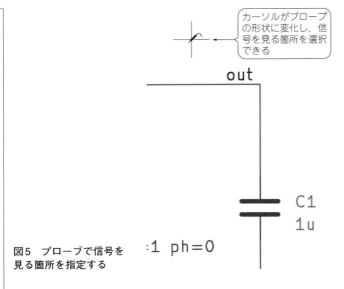

図5 プローブで信号を見る箇所を指定する

を押すと，回路図エディターの画面にフォーカスが移り，図5のようにカーソルがプローブの形になります．この状態でシミュレーションした信号を見たい箇所をクリックすると，シミュレーション画面に選択した箇所でのシミュレーション結果が表示されます．

　信号を選択すると，図6のように，選択された箇所での電流，電圧の変化のグラフがプロットされます．

　[新しい解析タブ...]アイコンで新しい条件を設定して[シミュレーションを実行]アイコンを押すと新たにタブが作られて別の設定でシミュレーションを行えます．行った設定は[ファイル]-[ワークブックを保存]することで，ファイルにシミュレーションの設定を保存できます．

● シミュレーション条件の変更

　回路図を作成したときに，抵抗やコンデンサの値を定数で設定しましたが，KiCadのシミュレーション機能では，この値を変化させてみる実験を簡単に行うことができます．

　過渡応答解析のシミュレーションで値の変化を可視化してみます．先ほどと同様に，[新しい解析タブ...]アイコンを押して，ダイアログの解析タイプから「TRAN — 過渡応答解析」を選択します．過渡応答解析ではシミュレーションする時間を[初期時間]，[最終時間]で指定し，[時間ステップ]でシミュレーションの細かさを指定します．ここでは，時間ス

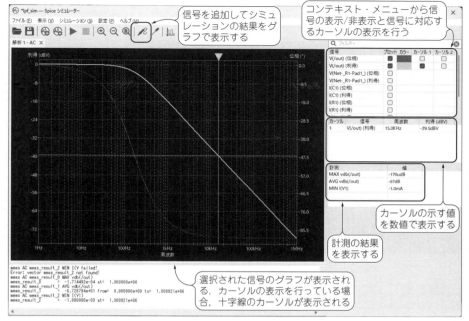

図6 シミュレーションを実行する

テップに「100u」秒，最終時間に「30m」秒を指定しました．AC解析の場合と同様に，シミュレーションの実行を行い，変化を見たい箇所を[回路図からプローブ...]アイコンで選択するとグラフが表示されます．

値を変えてシミュレーションするには，ツールバーの[値の調整を追加...]アイコンを押して，回路図中から値を変化させるシンボルを選択します．**図7**のウィンドウ右下の[調整]の欄に，選択したシンボルの値を変化させるスライド・バーが表示されます．これを動かして値を変えると，シミュレーションを再実行してグラフを更新します．[保存]のボタンを押下すると，メニューで調整した値をシンボルの定数に反映します．

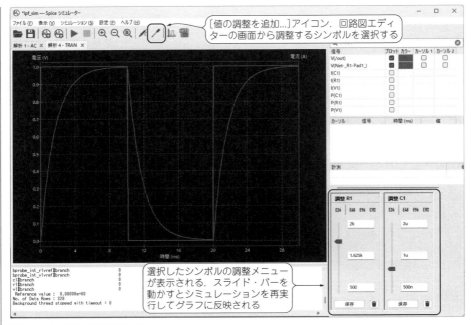

図7 シンボル変数を調整する

第 12 章

複数の基板データを まとめて1枚で製造する「面付け」

複数の基板のデータをまとめて配置して，1枚の基板として製造することを「面付け」(panelize)といいます．基板製造後に加工するので，加工で破損しないようプリント・パターンを考慮する必要はありますが，複数枚の基板を製造するよりも安価です．

1 ── PCBエディターを単独で起動する

KiCadのプロジェクトは，1プロジェクト=1回路=1レイアウトで管理しています．こ

図1　OSのメニューからPCBエディターを起動する

のため，複数の基板パターンの読み込みが必要な面付けの管理は，プロジェクトと関連付けずにPCBエディター（**図1**）を起動し，作成した基板レイアウトのデータをコピーして編集を行います．つまり，通常はKiCadの「プロジェクト マネージャー」画面からPCBエディターを起動しますが，面付けを行うときはOSのアプリケーション起動メニューから直接PCBエディター（PCB Editor）を起動します．

2 — 複数の基板パターンを並べる

PCBエディターを単独で起動すると，[ファイル]のメニューに[新規...]，[開く...]，[基板を追加...]などが表示されます（**図2**）．[基板を追加...]を選択し，すでに作成してある基板パターンのファイル（拡張子.kicad_pcbのファイル）を開きます．

追加した基板のパターン全体を選択して，右クリックで出るコンテキスト・メニューから[複製]を行うことで，同じパターンをもう1組作れます．違う種類のパターンを面付けする場合は，再度[基板の追加...]を実行して面付けするパターンを追加します．

読み込んだデータに含まれている外形線は削除し，新たに，面付けしたデータを囲う外形線を引き直します．

図2 PCBエディターから基板を追加する

3 — 分割の方法①…Vカットを入れる

基板を分割するためのVカットを入れます．Vカットとは，基板の製造後に基板を割りやすくするための溝の加工です．Vカットを作るには次の作業が必要です．

- Vカット周辺に必要なマージンを残してパターンを配置する
- Vカットを行う線を指定する

Vカットは図3のようにカットの線を書き加えるだけなので，簡単に面付けできる方法です．Vカットの指示方法は，各基板製造サービスによって異なります．発注前に各サービスが指定する指示方法を確認して，それに従ってデータを作成します．

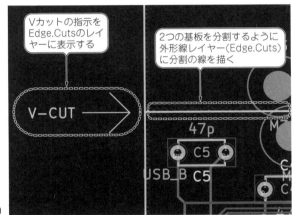

図3　Vカット指示の例
（FusionPCB向けの場合）

4 — 分割の方法②…スリットを入れる

Vカットのような後加工ではなく，ミシン面のような形状の細長い穴（スリット）を作っておき，基板を割れるようにして面付けする方法もあります．

外形線で図4のように「細長い穴のところどころがつながっている」パターンを入れておけば，力をかけて基板を割ることができます．

基板を割るときにかかる応力が不良の原因ともなるため，接合部の周辺には十分なマージンを残すようにします．スリットで分割する場合は，割った部分がバリとなって残るた

図4　スリットで基板を分割する

め，バリが外にはみ出さないように工夫すると扱いやすいです．

　スリットの加工についても，多くの場合で各基板製造サービスによって加工できる仕様が提示されています．その仕様に沿ってデータを作成します．

Appendix 2

みんなでKiCadを便利にしていく「プラグイン」のしくみ

1 — KiCadの特徴…みんなでKiCadを便利にできる「プラグイン」機能

KiCadには，「プラグイン＆コンテンツ マネージャー」という，機能を追加するしくみがあります(図1)．KiCadのユーザ・コミュニティは，KiCadを便利に使うために役に立つプラグインを多数提供しています．「プラグイン＆コンテンツ マネージャー」を使うことで，これらの機能を簡単にインストールすることができます．

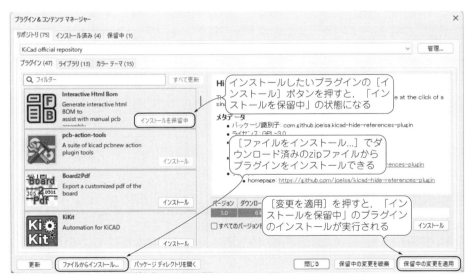

図1　プラグイン＆コンテンツ マネージャー

▶プラグインとは

　Pythonのスクリプトで作られた，KiCadの追加機能です．例えば「Interactive Html BOM」というプラグインは，マウス操作に連動したインタラクティブな表示を行う部品表をHTMLで出力します(図2)．

▶コンテンツとは

　「ライブラリ」と「カラーテーマ」を合わせて，コンテンツと呼んでいます．

- ライブラリ：シンボルやフットプリントのライブラリ
- カラーテーマ：画面の配色を設定するカラーテーマの追加データ

　プラグインとコンテンツを合わせて「アドオン」と呼ぶことがありますが，ここでは単に「プラグイン」として説明します．

　通常，プラグインの入手には，KiCad公式のリポジトリ(データ収集・配布サイト)を利用します．また，自分でリポジトリを作って公開することもできます．

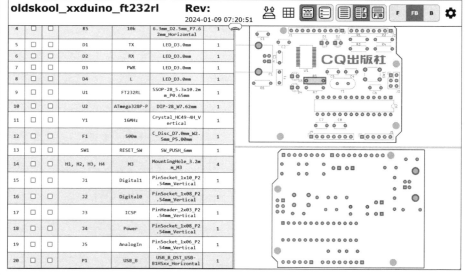

図2　「Interactive Html BOM」プラグインで出力した部品表
画面左の部品をマウスで選択すると，画面右の基板上で該当する部品の位置を表示してくれる．

Appendix 2 —— みんなでKiCadを便利にしていく「プラグイン」のしくみ

2 ── カンタンにインストールできる

　KiCadの起動画面にある「プラグイン&コンテンツ マネージャー」のアイコンをクリックして，プラグイン&コンテンツ マネージャーを起動します(図1)．プラグイン&コンテンツ マネージャーでプラグインを導入するのは非常に簡単です．図1の左側のリストから，インストールしたい拡張機能の項目にある[インストール]のボタンを押して，右下の[保留中の変更を適用]ボタンを押すだけです．

　インストールしたプラグインはKiCadプロジェクト マネージャーの[設定]-[パスを設定...]で確認できる，KICAD8_3RD_PARTYの設定パスに置かれます．ライブラリの場合は，この配下のsymbols, footprints に置かれます．ライブラリの設定はインストール時に自動で行われます．Pythonのプラグインの場合は，インストール後，PCBエディターの[ツール]-[外部プラグイン]-[プラグインを更新]の操作でメニューに現れます(図3)．

(a) PCBエディターの［ツール］メニュー　　　　(b) PCBエディターのツールバー

図3　インストールしたプラグインはメニューやツールバーから実行できる
インストールしたプラグインが追加されたようす．PCBエディターを起動したままプラグインをインストールした場合は，［プラグインの更新］を実行すれば反映される．

　ネットワークからインストールする以外にも，図1左下の[ファイルからインストール...]で直接プラグインのzipファイルを指定してインストールすることも可能です．

3 ── プラグインのパッケージの構造

● ファイルの構造

　KiCadのプラグインの実体は，決められたフォルダ構成にライブラリなどのファイルとプラグインのメタデータ(プラグイン自身に関する情報)のファイルを入れて，zip圧縮したファイルです．要点を押さえれば作成は簡単です．ここでは，第8章で作った簡単なシ

ンボルとフットプリントを使ってプラグインのパッケージを作ります.

プラグインのフォルダ構成は以下のようになっていて，プラグインの種別ごとにファイルを格納する場所が変わります.

```
[root]
+-- 3dmodels/
|   +-- *.stp, *.wrl（フットプリント ライブラリの場合のみ）
+-- colors/
|   +-- *.json（カラーテーマの場合のみ）
+-- footprints/
|   +-- *.kicad_mod（フットプリント ライブラリの場合のみ）
+-- plugins/
|   +-- *.py（Pythonのプラグインの場合のみ）
+-- symbols/
|   +-- *.kicad_sym（シンボル ライブラリの場合のみ）
+-- resources/
|   +-- icon.png（必須）
+-- metadata.json（必須）
```

metadata.jsonとresources/icon.pngは，プラグイン＆コンテンツ マネージャーがメニューに表示する情報として使うので必須となります．それ以外のフォルダにはプラグインの種別に応じてファイルを格納します.

● プラグインそのもののメタ情報

metadata.jsonには，パッケージ自身の情報をJSON形式で記載します．**リスト1**に必要最小限の構成を示します．各項目の意味は**表1**のとおりです.

resources/icon.pngは64×64サイズのPNG画像です.

● 例

第8章で作成したシンボル ライブラリのファイルcqpub-jumper-example.kicad_symとフットプリント ライブラリのフォルダcqpub-jumper-example.prettyをそれぞれsymbols/とfootprints/の下に格納します．resources/icon.pngは適当な64×64サイズのPNG画像を作成します．ルート・ディレクトリにmetadata.jsonを**リスト1**の内容で作成して格納

リスト1 metadata.json

```
{
  "$schema": "https://go.kicad.org/pcm/schemas/v1",
  "name": "My KiCad Plugin",
  "description": "My First KiCad Plugin",
  "description_full": "Simple library plugin example",
  "identifier": "com.github.soburi.my-kicad-plugin",
  "type": "library",
  "author": {
    "name": "soburi",
    "contact": {
      "web": "https://github.com/soburi"
    }
  },
  "license": "CC0-1.0",
  "resources": {
    "homepage": "https://github.com/soburi/my-kicad-plugin"
  },
  "versions": [
    {
      "version": "1.0",
      "status": "stable",
      "kicad_version": "8.0"
    }
  ]
}
```

表1 metadata.json内の各項目と意味

項　目		意　味
$schema		ファイル構造を定義するスキーマの名前を指定する
name		アドオンの表示名を設定する
description		簡潔な説明文を書く
description_full		descriptionに書いたものよりも詳しい説明文を書く
identifier		識別IDを設定する．URLの各要素を逆順に並べると衝突しない名前として使える
type		種別を設定する．"colortheme", "library", "plugin"から選択する
author		作者の情報を設定する
license		このアドオンのライセンスを指定する
resources		このアドオンの情報リソースを指定する
versions		バージョン情報を入力する
	version	アドオンのバージョンを指定する
	status	開発状況を指定する
	kicad_version	動作するKiCadの版数を指定する

します．これらのファイルをzipで圧縮してまとめると，プラグインのパッケージになります．ここではcqpub-jumper-example_1.0.0.zipとしてファイルを作ります．

3—プラグインのパッケージの構造　157

このzipファイルは，プラグイン＆コンテンツ マネージャーの［ファイルからインストール…］からもインストールすることができます．

4 ── プラグイン配布用のサイト「リポジトリ」

作成したプラグインのパッケージは，定義ファイルと配布用のリポジトリ（サイト）を作成することで，プラグイン＆コンテンツ マネージャーからインストールすることができます．ここではGitHubを使って配布用のリポジトリを作成する方法を解説します．

▶リポジトリとは

リポジトリとは「データの集積場所」という意味で，さまざまな文脈で使われます．本章では2つの文脈でリポジトリという用語を使っています．

1つは，KiCadのプラグインを配布するウェブ・サイトのことです．「プラグイン配布用のリポジトリ」と表現します．

もう1つは，バージョン管理システムGitによって管理されているデータ群のことです．本章ではGitHub（もしくは類似の，gitデータを格納するウェブ・サービス）にアップロードされたデータ群のことを指します．「gitリポジトリ」と表現します．

GitHubは，アップロードされたgitリポジトリをウェブ・サイトとして公開しています．本章で作成する「プラグイン配布用のリポジトリ」は，「ウェブ・サイトとして公開されたgitリポジトリ」を使って実現されています．つまり，決められたフォルダ構成で「gitリポジトリ」を用意してアップロードすることで，「プラグイン配布用リポジトリ」を用意しています．

● 配布用リポジトリの構成

配布用リポジトリには，次に示す3つの設定ファイルを格納します．

- packages.json：配布するプラグインの情報とファイルのダウンロード元を記述したファイル．前項のmetadata.jsonとよく似た形式
- resources.zip：配布するプラグインのアイコンを抽出してzipでまとめたファイル
- repository.json：配布用リポジトリ全体の設定ファイル．packages.jsonとresources.zipの場所を指定する

これら3つのファイルと，プラグインのzipファイルをダウンロード可能なサイトに置くことで配布用リポジトリを構成できます．repository.jsonを起点にファイルに書かれた

Appendix 2── みんなでKiCadを便利にしていく「プラグイン」のしくみ

リスト2　packages.json

```json
{
  "packages": [
    {
      "$schema": "https://go.kicad.org/pcm/schemas/v1",
      "name": "My KiCad plugin",
      "description": "My First KiCad plugin",
      "description_full": "Simple Library example",
      "identifier": "com.github.soburi.my-kicad-plugin",
      "type": "library",
      "author": {
        "name": "soburi",
        "contact": {
          "web": "https://github.com/soburi"
        }
      },
      "license": "CC0-1.0",
      "resources": {
        "homepage": "https://github.com/soburi/my-kicad-plugin"
      },
      "versions": [
        {
          "download_sha256": "808649fa0565f084a90e66e93838691ccc2
fe7e6f4ecbbdadbcaff40ad0e4e10",
          "download_size": 3762,
          "download_url": "https://soburi.github.io/my-kicad-plug
in/cqpub-jumper-example-1.0.0.zip",
          "version": "1.0",
          "status": "stable",
          "kicad_version": "8.0"
        }
      ]
    }
  ]
}
```

URLをたどって，プラグインのzipファイルをダウンロードする仕組みになっています.

▶ packages.json

packages.json(**リスト2**)は，zipのパッケージを作成するときに作ったmetadata.json(**リスト1**)とよく似たファイルです. 違いは，packages.jsonはmetadata.jsonで記述した内容をjsonの配列として複数格納できることです. "versions"の要素に"download_sha256", "download_size", "download_url"の項目を設定でき，これでダウンロードするパッケージのzipファイルを指定できます.

▶ resources.zip

resources.zipは配布用リポジトリにあるプラグインのアイコンをまとめたファイルです.

```
[root]
 +-- [identifier]
 |   +-- icon.png
 +-- [identifier]
 |   +-- icon.png
 +-- …
```

のように，metadata.json(リスト1)内の"identifier"と同じ名前のフォルダを作成し，
そこにresources/icon.pngに置いてあったアイコンのicon.pngをコピーします．これを
zipで圧縮したファイルをresources.zipとします．

▶ repository.json

repository.json(リスト3)は，packages.jsonとresources.zipの場所を示すためのファイ

リスト3　repository.json

```
{
  "$schema": "https://gitlab.com/kicad/code/kicad/-/raw/master/ki
cad/pcm/schemas/pcm.v1.schema.json#/definitions/Repository",
  "maintainer": {
    "contact": {
      "web": "https://github.com/soburi/my-kicad-plugin/"
    },
    "name": "My KiCad Repository Maintainer"
  },
  "name": "My KiCad repository",
  "packages": {
    "sha256": "d9b3cc13c5a7d00cf0399dd6b85c76af49f8441bda13aca170
1876d3eaef55f8",
    "update_time_utc": "2024-05-15 07:51:54",
    "update_timestamp": 1715727114,
    "url": "https://soburi.github.io/my-kicad-plugin/packages.json"
  },
  "resources": {
    "sha256": "50e3077f60f93dfaeeebee685fd35e32b34d47cceb50f21797
c8ea843ff0ab64",
    "update_time_utc": "2024-05-15 07:16:28",
    "update_timestamp": 1715724988,
    "url": "https://soburi.github.io/my-kicad-plugin/resources.zip"
  }
}
```

表2 repository.json内の各項目と意味

項 目		意 味
Sschema		repository.json のスキーマを指定する
maintainer		リポジトリのメンテナンス担当者の情報を記載する
name		リポジトリ名を記載する
packages		パッケージ情報を格納した json ファイルの情報を指定する
	sha256	ファイルの sha256 ハッシュ値を指定する．このハッシュ値でファイルの正当性を確認する
	update_timestamp	epoch 秒（1970 年 1 月 1 日午前 0 時 0 分 0 秒からの経過秒数）でファイルの更新日時を示す
	update_time_utc	可読な表記でファイルの更新日時を記載する
	url	ファイルを取得する URL を記載する
resources		アイコンを格納した zip ファイルの情報を記載する．各項目の意味は packages のものと同じである

ルです．内容を**表2**に示します．sha256のハッシュ値でファイルが正当なものであるかをチェックしています．

Linuxの場合はsha256，update_timestamp, update_time_utcはそれぞれ以下のコマンドで情報を取得できます．Windowsでもgit for windows付属のmsys環境を利用して実行できます．

- sha256
```
$ sha256sum [ファイル名] ⏎
```
- update_timestamp
```
$ stat -c "%Z" [ファイル名] ⏎
```
- update_time_utc
```
$ date +"%Y-%m-%d %H:%M:%S" -d @`stat -c "%Z" [ファイル名]` ⏎
```

5 ── 自作のプラグインを配布してみた

● GitHubを使ってプラグイン配布用リポジトリを作成する

▶ユーザ登録

GitHubを使うには，はじめにユーザ登録が必要です．GitHubのサイト（https://github.com）からサイトの指示に従ってユーザ・アカウントを作成します．

図4 gitリポジトリの作成

![Create a new repository screen]

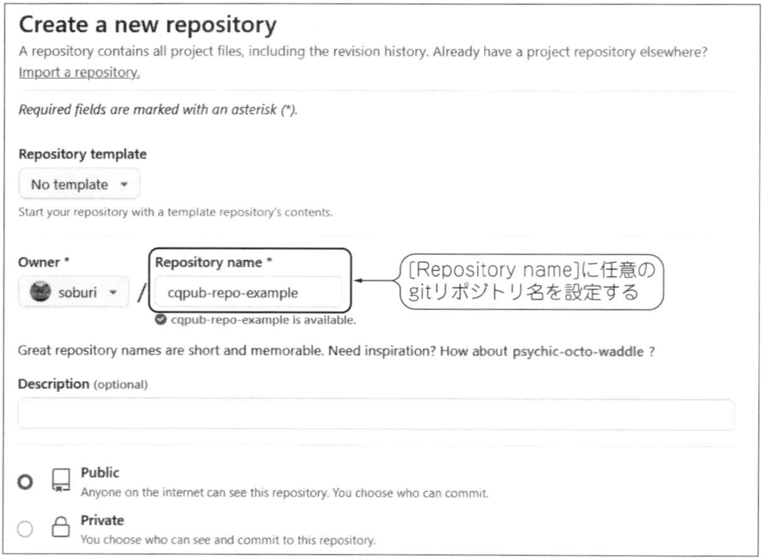

図5 gitリポジトリの作成2

▶ GitHub Pagesを使ってデータを公開する

KiCadのプラグイン配布用リポジトリを作るには，リポジトリの設定ファイルをアップロードします．GitHubには簡単なウェブ・サイトを作成するGitHub Pagesの機能があります．これを使ってKiCadのリポジトリを公開することができます．

まず，プラグインを格納するgitリポジトリを作成します．図4に示す Repositoriesタブを選択し，[New]ボタンを押すと，図5のメニューが現れます．ここで[Repository Name]に任意の名前を入力してGitHub上にgitリポジトリを作成します．

gitリポジトリを作成すると，図6に示すページが表示されます．ここで「upload an existing file」のリンクを選択すると，図7に示すファイルの登録画面に遷移します．

図6 作成したgitリポジトリの画面

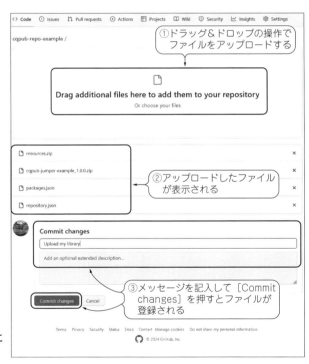

図7 gitリポジトリにファイルを登録する

5 ― 自作のプラグインを配布してみた 163

作成したrepository.json，packages.json，resources.zip，cqpub-jumper-example_1.0.0.zipを画面の指定の領域にドラッグ＆ドロップしてアップロードします．

画面下部のテキストボックスにコミット・メッセージを登録して，［Commit changes］ボタンを押すと，アップロードしたファイルがgitリポジトリに登録されます．

ファイルが登録されるとGitHubのウェブ・ページでファイルが公開できるようになります．ここで，ウェブ画面上から［Settings］-［Pages］で，GitHub Pagesの公開の設定を行います．

ここでは図8のようにmainブランチの直下（ルート）をウェブ・ページとして公開するように設定します．

［Save］を押すと，公開されたページのURLが表示されます．gitのリポジトリにあるファイルは，このURLの配下に同じフォルダ構造でウェブ・ページとして公開されます．

Pagesの公開の設定を行ったら，repository.json，packages.jsonファイルに記載したURLがそれぞれアクセス可能かを確認してください（反映に時間がかかる場合がある）．repository.jsonは https://［githubのユーザ名］.github.io/［図5で作成したリポジトリ名］/repository.json から参照できます．

● 自作のプラグイン配布用リポジトリからインストールする

プラグイン＆コンテンツ マネージャーの［管理］ボタンからオフィシャル以外のリポジ

図8 GitHub Pagesの設定

トリを追加することができます．ここに先ほど作成したrepository.jsonのURLを図9のダイアログで追加します．

ファイルに問題がなく，正常に追加が完了すると[管理]のボタンの左のリストに作成したリポジトリが現れます．

図10の画面下部のリストに作成したアドオンが表示されるので，インストールの操作でインストールが可能です．

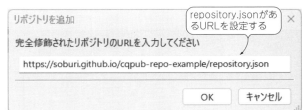

図9　リポジトリを追加する

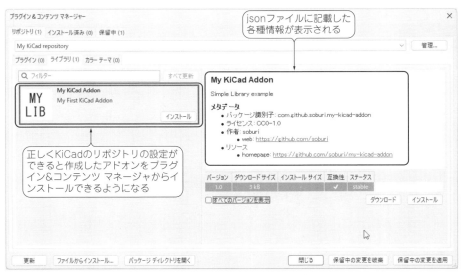

図10　自作のアドオン

5―自作のプラグインを配布してみた

Column 1

作成したプラグインをKiCad公式のリポジトリに登録するには

自分で作成したプラグインを，KiCad公式のリポジトリに登録することもできます．
作成したプラグインのmetadata.jsonとicon.pngを，KiCadの開発成果物を格納して
いる「GitLab」(GitHubとは別のサービス)内の下記gitリポジトリに登録し，申請
(Merge Request)を行います．

https://gitlab.com/kicad/addons/metadata

詳細は以下の文書を参照してください．

- KiCadの開発ドキュメント
  https://dev-docs.kicad.org/
- パッケージの登録について
  https://dev-docs.kicad.org/en/addons/#_submitting_your_package

定番プリント基板設計 KiCad 入門

第 2 部

プリント基板設計 KiCad 機能全集

第2部 プリント基板設計 KiCad 機能全集

第1章

KiCad 全体をつかさどる「プロジェクト マネージャー」

1 — KiCadを構成するツール群

　KiCadは，基板設計を行うための複数のツール(ソフトウェア)によって構成されています(**図1**)．KiCadを起動すると開く「プロジェクト マネージャー」画面(**図2**)の右側に，各ツールが表示されています．中心となるツールは「回路図エディター」と「PCBエデ

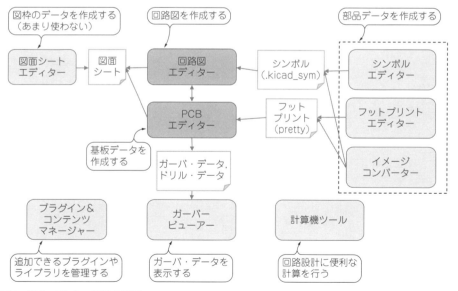

図1　KiCadのツール間の連携

第1章 —— KiCad全体をつかさどる「プロジェクト マネージャー」

ィター」です．各ツールの概要を**表1**に示します．各ツールは，KiCadのプロジェクト・ファイルを介して連携します（**図2**）．

表1 KiCadを構成する各ツールの概要

ツール名	概　要
回路図エディター （旧称：Eeschema）	基板の元のデータとなる回路図を作成するツール．回路図をもとにしてSPICEシミュレーションを行うこともできる
シンボル エディター	回路図エディターで使うシンボル（回路図記号）を作成するツール
PCB エディター （旧称：Pcbnew）	基板のレイアウトを作成するツール．回路図エディターで作成したデータを取り込み，基板製造に必要なガーバ・データを生成する
フットプリント エディター	基板に配置するフットプリント（部品形状のデータ）を作成するツール
ガーバー ビューアー	基板製造に使うガーバ・データを表示するツール
イメージ コンバーター	ビットマップ画像をシンボルやフットプリントに変換するツール
計算機ツール	回路設計，基板設計でよく行われる計算を行うツール
ページ レイアウト エディター	回路図や基板レイアウトを印刷するときの図枠のデータを作成するツール
プラグイン ＆ コンテンツ マネージャー	KiCadのユーザ・コミュニティやサード・パーティが作成したプラグインやライブラリのインストールを行うツール

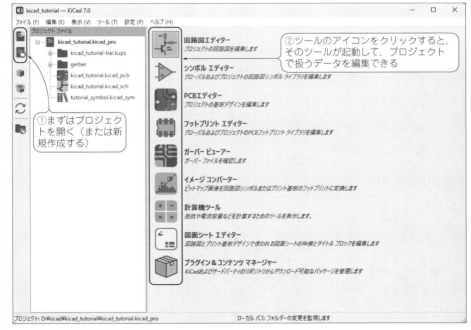

図2 KiCadは複数のツールによって構成されている
KiCadを起動すると，この画面が表示される．画面左側には開いているプロジェクトが表示される．画面右側にはツールの一覧が並んでおり，各アイコンをクリックするとツールが起動する．

2 — メニューの全体構成

「プロジェクト マネージャー」のメニューバーからたどれる機能を**表2**に示します．

表2　KiCadプロジェクト マネージャー画面のメニュー構成

第1章 —— KiCad全体をつかさどる「プロジェクト マネージャー」

[メニューバー] - [プルダウンメニュー]		説　明
ツール	![回路図エディター] 回路図エディター　　　　　Ctrl+E	KiCad を構成するツールを起動する
	![シンボル エディター] シンボル エディター　　　　Ctrl+L	
	![PCBエディター] PCBエディター　　　　　　　Ctrl+P	
	![フットプリント エディター] フットプリント エディター　　Ctrl+F	プロジェクト マネージャー画面の右側に表示されているアイコンからも起動できる
	![ガーバー ビューアー] ガーバー ビューアー　　　　Ctrl+G	
	![イメージ コンバーター] イメージ コンバーター　　　Ctrl+B	
	![計算機ツール] 計算機ツール	
	![図面シート エディター] 図面シート エディター　　　Ctrl+Y	
	![プラグイン＆コンテンツ マネージャー] プラグイン＆コンテンツ マネージャー　Ctrl+M	
	![ローカル ファイルを編集] ローカル ファイルを編集...	現在のプロジェクトに含まれているファイルをテキスト・エディタで開く
設定	![パスを設定] パスを設定...	KiCad 全般にかかわる設定項目
	![シンボル ライブラリを管理] シンボル ライブラリを管理...	KiCadデータの格納先を設定する
	![フットプリント ライブラリを管理] フットプリント ライブラリを管理...	
	![設定] 設定...　　　　　　　　　Ctrl+,	
	![言語設定] 言語設定　　　　　　　　　＞	
ヘルプ	![ヘルプ] ヘルプ	ヘルプのメニューは各ツールとも共通
	![KiCad ことはじめ] KiCad ことはじめ	
	![ホットキー リスト] ホットキー リスト...　　　Ctrl+F1	
	![参加する] 参加する	
	寄付	
	![バグをレポート] バグをレポート	
	![KiCad について] KiCad について (A)	

2—メニューの全体構成　171

第2部　プリント基板設計KiCad機能全集

3 — 基板データの単位…「プロジェクト」の作成&取り込み

KiCadでは，基板設計に使うデータを「プロジェクト」としてまとめています．まず，プロジェクト マネージャー画面でプロジェクトを開いてから(または作成してから)，KiCadを構成する各機能を起動します．

● 新規プロジェクトの作成

新規プロジェクト...
メニュー：[ファイル(F)]-[新規プロジェクト...]
アイコン位置：
ホットキー：[Ctrl]+[N]

新たにまっさらなプロジェクトを作成する場合は，この機能を使って空のプロジェクトを作成します．

プロジェクトは回路図データや基板データなどの複数のデータから構成されるので，プロジェクトごとに固有のフォルダを作成するようにします．自分で空のフォルダを指定するか，または新規プロジェクト作成ダイアログにある「このプロジェクト用に新しいフォルダを作成」にチェックを入れて(図3)，フォルダごと作成します．

図3　新規プロジェクトを作成する際には新しいフォルダを用意する

● テンプレートからのプロジェクトの作成

 テンプレートから新規プロジェクトを作成…

メニュー：[ファイル(F)]-[テンプレートから新規プロジェクトを作成…] ホットキー：[Ctrl]+[T]

　設計のひな形(テンプレート)からプロジェクトを作成する場合に使います．Arduinoのシールドや Raspnerry Pi の HAT など，規格化された基板のデータがテンプレートとしてあらかじめ用意されており，手早く設計を行うことができます．

　このメニューを選択すると，テンプレートを選択するダイアログ(**図4**)が表示されます．テンプレートを選んでプロジェクトを作成すると，テンプレートに含まれている回路図や基板のデータのひな形まで出来上がった状態で，新規プロジェクトが作成されます．

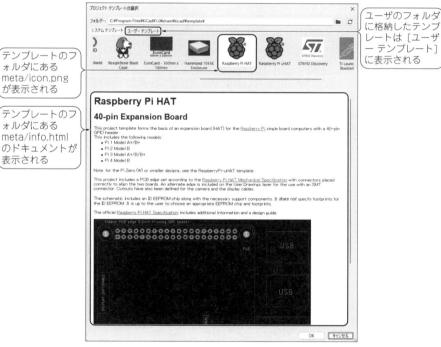

図4　プロジェクト テンプレートを選択するダイアログ

▶ 自作のプロジェクトをテンプレートとして使うには

自作のプロジェクトをテンプレートとして使うこともできます. その場合, プロジェクトにmetaというフォルダを作成して, 以下のファイルを格納します.

> ● meta/icon.png：アイコン画像
> ● meta/info.html：テンプレートの説明を記載したhtmlファイル

アイコン画像とhtmlファイルが, **図4**のダイアログ内に表示されます. また, info.htmlから参照する画像ファイルがある場合は, それらもmetaフォルダに格納しておきます.

後は, metaフォルダを追加したプロジェクトを, 環境変数KICAD_USER_TEMPLATE_DIRで指定するフォルダに格納すれば, 自分で作ったプロジェクトを「ユーザー テンプレート」として使うことができます.

● 他のCADからデータをインポート

KiCad以外のプロジェクトをインポート...

メニュー：[ファイル(F)]-[KiCad以外のプロジェクトをインポート...]

KiCadは, Autodesk社のEagleや, 図研のCADSTARなどで作成したデータをインポートして使うことができます. ここではEagleを例に説明します.

メニューバーから[ファイル]-[KiCad以外のプロジェクトをインポート...]-[Eagleプロジェクト...]を選択すると, Eagleで作成した回路図ファイル(.sch), 基板レイアウトファイル(.brd)を指定して読み込むことができます. この機能を使えば, Eagleで作成した設計資産をKiCadでも活用することができます.

インポートしたデータの保存先には, 必ずインポート元のEagleプロジェクトとは別のフォルダを指定します. EagleもKiCadも回路図データに.schの拡張子を使用しているので, ファイル名が重複するためです.

また, Eagleで作成した基板と, 細かな差異が発生することがあります. Eagleで生成したガーバ・データと, KiCadで生成したガーバ・データとを比較して差異がないことを確認するなど, インポートした後に十分にチェックを行うのが望ましいです.

● プロジェクトのアーカイブ/展開

プロジェクトをアーカイブ...
メニュー：[ファイル(F)]-[プロジェクトをアーカイブ(A)...]

プロジェクトを展開...
メニュー：[ファイル(F)]-[プロジェクトを展開(U)...]

［プロジェクトをアーカイブ］で，KiCadのプロジェクトをzip形式で圧縮してバックアップすることができます．

［プロジェクトを展開...］で，アーカイブしたプロジェクトを展開します．

基板の製造を行ったときなどに，必要なデータ一式を保存するのに便利な機能です．

4 — KiCadのフォルダ構成

KiCad本体は，KiCadのインストール時に指定したフォルダに格納されますが，ユーザ・データや設定データなどの格納用には別のフォルダが用意されます．それらについて整理しておきます．

● **KiCad本体の格納先**

KiCadをインストールする際に，インストール先となるフォルダを設定します．Windowsの場合，デフォルトでは以下のフォルダがインストール先となります．

C:¥Program Files¥KiCad¥8.0¥

KiCadに添付されているデータはこのフォルダ配下に作られます．例えば，KiCad標準ライブラリは以下のフォルダに格納されます[注1]．

C:¥Program Files¥KiCad¥8.0¥share¥kicad

このフォルダ配下にはさまざまなデータが格納されます．主要なものを**表3**に示します．これらのデータ格納場所は，「プロジェクト マネージャー」の［設定］-［パスの設定...］で指定することができます．

注1：macOSの場合は「/Applications/KiCad/KiCad.app/Contents/SharedSupport」に，Linuxの場合は「/usr/share/kicad」に格納される．

● ユーザ・データの格納先

ユーザ・データ格納用には，以下のフォルダがKiCadの起動時に作成されます[注2].

%USERPROFILE%¥Documents¥KiCad¥8.0[%USERPROFILE%はユーザ固有のデータ・フォルダ(C:¥Users¥XXX¥など)]

ユーザ・データはどこにでも保存できますが，上記のフォルダが標準的なデータの置き場所として使いやすいと思います．

作成されたフォルダには表4に示すサブフォルダが含まれ，それぞれの目的で使い分けられます．表4に示した環境変数を設定することで，ユーザ・データの格納場所を変更することができます．

表3 KiCad標準ライブラリ等と環境変数

デフォルト設定では，これらのKiCad標準ライブラリのフォルダは「C:¥Program Files¥KiCad¥8.0¥share¥kicad」の下に作成される.

フォルダ名	内　容	環境変数
3dmodels	KiCad 標準の 3D モデル	KICAD8_3DMODEL_DIR
footprints	KiCad 標準のフットプリント ライブラリ	KICAD8_FOOTPRINT_DIR
symbols	KiCad 標準のシンボル ライブラリ	KICAD8_SYMBOL_DIR
templates	KiCad 標準のプロジェクトのテンプレート	KICAD8_TEMPLATE_DIR

表4 ユーザ・データを格納するフォルダと環境変数

デフォルト設定では，これらのユーザ・データのフォルダは「%USERPROFILE%(C:¥Users¥xxx¥など)¥Documents¥KiCad¥8.0」の下に作成される.

フォルダ名	格納する内容	環境変数
3dmodels	ユーザ定義の 3D モデル・データ	KICAD_DOCUMENTS_HOME
footprints	ユーザ定義のフットプリント ライブラリ	
plugins	ユーザ定義の部品表（BOM）を出力するためのスクリプト	
projects	ユーザが作成した KiCad プロジェクト	
scripting	ユーザ定義の Python スクリプト	
symbols	ユーザ定義のシンボル ライブラリ	
3rdparty	プラグイン＆コンテンツ マネージャーでインストールするプラグイン	KICAD8_3RD_PARTY
template	ユーザ定義のプロジェクトのテンプレート	KICAD8_USER_TEMPLATE_DIR

注2：macOSの場合は「~/Documents/KiCad/8.0(~はホーム・ディレクトリ)」に，Linuxの場合は「~/.local/share/kicad/8.0」に格納される．Windowsの場合でもOneDriveがインストールされている場合など，変更されている場合がある．

● **KiCad の設定データ，キャッシュ・データの格納先**

KiCad が内部的に使用する設定データとキャッシュ・データは以下に保存されています[注3]．これらは内部的なデータであり，ユーザが直接触ることは少ないものです．

- データ
  %APPDATA%￥KiCad￥8.0
  (%APPDATA% は Windows のシステム環境変数による)
- キャッシュ
  %LOCALAPPDATA%￥KiCad￥8.0
  (%LOCALAPPDATA% は Windows のシステム環境変数による)

KiCad の設定を初期状態に戻すときには，これらのフォルダの中身を削除します．設定データのフォルダは環境変数 KICAD_CONFIG_HOME を，キャッシュのフォルダは環境変数 KICAD_CACHE_HOME を設定することで変更できます．

5 ── 部品ライブラリの管理機能

KiCad の標準ライブラリには多数の部品のデータが収録されていますが，これに含まれていない部品を使う場合には，別途部品のデータを用意して KiCad に取り込む必要があります．SnapEDA や Ultra Librarian のような CAD データのリポジトリは KiCad 向けのデータも提供しており，サード・パーティのライブラリとして活用できます．

● **ライブラリ管理機能**

「プロジェクト マネージャー」などの[設定]メニューから，**図5**に示すライブラリ管理ダイアログが開けます([設定]メニューは，回路図エディター，シンボル エディター，基板エディター，フットプリント エディターの各ツールで共通となっている)．

 シンボル ライブラリを管理...
メニュー：[設定(P)] - [シンボル ライブラリを管理...]

注3：macOS の場合は「~/Library/Preferences/KiCad/8.0」および「~/Library/Caches/kicad/8.0」に，Linux の場合は「~/.config/kicad/8.0」および「~/.cache/kicad/8.0」に格納される．

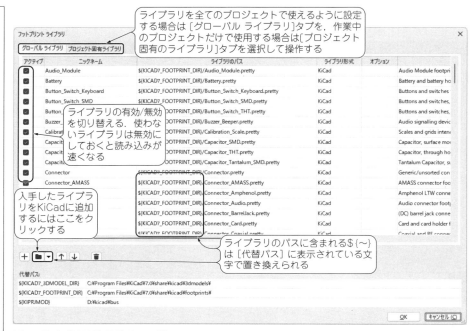

図5　ライブラリ管理ダイアログ

📚 フットプリント ライブラリを管理…
メニュー：[設定(P)]-[フットプリント ライブラリを管理…]

　シンボル ライブラリ，フットプリント ライブラリともに画面操作は共通です．

　[グローバル ライブラリ]タブは，プロジェクトによらず使われる共通のライブラリを設定します．初期設定ではKiCadの標準ライブラリが設定されています．

　[プロジェクト固有のライブラリ]タブは，現在開いているプロジェクトでのみ参照するライブラリを指定します．タブでライブラリのグループを選択し，フォルダのアイコンをクリックして追加するライブラリを選択します．

● 外部提供ライブラリの利用手順

　標準のライブラリ以外にも，DigiKeyの配布するdigikey-kicad-libraryやRSコンポーネンツの配布するPCB Parts Libraryなど，サード・パーティが提供するKiCad用ライブラリも追加して使えます．例として，digikey-kicad-libraryを追加する手順を示します．

178　第1章——KiCad全体をつかさどる「プロジェクト マネージャー」

(1) digikey-kicad-library を以下の URL から取得します.

https://www.digikey.jp/ja/resources/design-tools/kicad

(2) DigiKey Parts Library は zip ファイルで提供されているので,任意のフォルダ に展開します.中に含まれている digikey-symbols がシンボル,digikey-footprint.pretty がフットプリントのライブラリです.

(3) zip ファイル中にある digikey-symbols を C:¥Users¥[ユーザ名]¥Documents¥ KiCad¥8.0¥symbols のフォルダ配下にコピーします(C:¥Users¥[ユーザ名]¥ の部分は環境に合わせて読み替えること.Documents¥KiCad¥8.0のフォルダ はユーザごとの KiCad のデータを格納するフォルダとして KiCad が作成するの で,ここに格納するようにする).

(4)「シンボル ライブラリ」管理ダイアログでフォルダのアイコンをクリックして, ファイル選択のダイアログを開きます.C:¥Users¥[ユーザ名]¥Documents¥K iCad¥8.0¥symbols¥digikey-symbols のフォルダを選択して,すべての .lib ファ イルを追加します.

(5) フットプリントの追加も同様の手順で,zip ファイル中にある digikey-footprint. pretty を C:¥Users¥[ユーザ名]¥Documents¥KiCad¥8.0¥footprints のフォル ダ配下にコピーします.

(6)「フットプリント ライブラリ」管理ダイアログでフォルダのアイコンをクリッ クして,ファイル選択のダイアログを開きます.C:¥Users¥[ユーザ名]¥Docu ments¥KiCad¥8.0¥footprints¥digikey-footprint.pretty を追加します.フット プリント ライブラリはフォルダ単位で追加します.これで digikey-kicad-library の追加が完了です.

(7) ライブラリ管理ダイアログで,追加したライブラリが入っていることを確認し ます.シンボルの一覧には dk- で始まるシンボル ライブラリ群が,フットプリ ントの一覧には digikey-footprint のフットプリント ライブラリが追加され,そ れぞれ回路図エディター,PCB エディターで使えるようになります.

第2部 プリント基板設計 KiCad 機能全集

5―部品ライブラリの管理機能 179

● ライブラリの実体のファイルについて

ライブラリの実体は，ファイルやフォルダです．表5にその種類を示します．

表5 ライブラリの実体であるファイル/フォルダ

ファイル/フォルダ名	詳細
.lib ファイル	シンボル・ライブラリに対応するファイル．1つのファイルに複数のシンボルが格納される
.dcm ファイル	シンボルの追加情報（ドキュメントやデータシートへのリンクなど）を含む．.lib ファイルと対応してファイルが作られる
.pretty フォルダ	フットプリント ライブラリに対応するフォルダ．1つのフォルダ内に複数のフットプリントが格納される
.kicad_mod ファイル	.pretty フォルダに格納されるフットプリントのデータ・ファイル．1つのファイルが1つのフットプリントに対応する

6 ── テキスト・エディタ機能

KiCadのプロジェクトに含まれるファイル群の大半はテキスト・データであり，テキスト・エディタで内容を編集できます．そのため，プロジェクト マネージャーのメニューの中には，ファイルを参照したり，テキスト・エディタで編集したりするためのメニューが含まれています．

 ローカル ファイルを編集...
メニュー：[ツール(T)]-[ローカル ファイルを編集...]

 プロジェクト ファイルを参照
メニュー：[表示(V)]-[プロジェクト ファイルを参照]

どのテキスト・エディタを使うかは，メニューバーから[設定(P)]-[設定...]でウィンドウを開き，[共通]-[テキスト エディタ]欄で指定します．

7 ── 各ツールの設定機能

設定 ...
メニュー：[設定(r)]-[設定...]　　　　　　　　　　　　　　ホットキー：[Ctrl]+[,]

　KiCadの各ツールの設定を行います．このメニューは，各ツールから呼び出せます．
　すべてのツールで共通となる設定項目と，ツールごとに個別に設定する項目があります（たとえば，十字線の表示やグリッド間隔の設定などはツールごとの設定となる）．さらに，特定のツールのみに設定する項目もあります．ここでは，回路図エディターの設定項目を例に説明します．

● 共通の項目（設定はツールごとに行う）
▶ **表示オプション**
　レンダリング エンジン（アクセラレータ）の有効化，背景のグリッドの描画スタイル，カーソルの十字線の表示の設定を行います．
▶ **グリッド**
　グリッドの間隔を設定します．
▶ **カラー**
　各項目の表示色の設定を行います．カラー・テーマを選択/設定することもできます．

● 回路図エディターの独自の設定項目
▶ **表示オプション**
　フォントの選択，選択アイテムの強調表示の設定，クロスプローブ（PCBエディターとの連携表示）に関する動作の設定を行います．
▶ **編集オプション**
　配線の角度の制限など，編集機能に関する設定を行います．
▶ **アノテーションのオプション**
　「自動アノテーション」が有効になっている場合の番号の割り当てルールを設定します．
▶ **フィールド名テンプレート**
　シンボルのユーザー定義フィールドの初期値の設定を行います．これはKiCad全体に適用されます．

第2部　プリント基板設計 KiCad 機能全集

第2章

「回路図エディター」機能全集

1 —— 画面構成

　「回路図エディター」の画面全体を図1(pp.188-189)に示します．中央に回路図を描きます．画面の上・左・右に操作を行うツールバーが，画面の下にステータスバーがあります．左のツールバーには表示の切り替えに関する操作がまとまっています．上のツールバーの左側には印刷や表示などの基本操作が，右側には回路図エディター固有の操作がまとまっています．右のツールバーには，回路図に配置するシンボル(回路図記号)や配線を追加する操作がまとまっています．

2 —— メニュー全体の構成

　メニューバーの構成を表1に示します．回路図エディターで主に行う操作は部品の配置と配線ですが，これらは[配置]メニューの中にまとまっています．また，メニューからたどるのではなく，図1の右側のツールバーのアイコンをクリックすることでも操作が行えます．

182　第2章——「回路図エディター」機能全集

表1 回路図エディター画面のメニュー構成

[メニューバー] – [プルダウン・メニュー]			説明
ファイル	💾 保存　　　　　　　　　　　　Ctrl+S		編集中の回路図データを保存する(階層化回路図を利用している場合はサブシートも含んで保存する)
	📥 名前をつけて現在のシートを保存...		現在表示している回路図シートを別名のファイルとして保存する(表示しているシートのみを保存する)
	変更を破棄		未保存の変更を破棄して，ファイルに保存された状態に戻す
	📋 回路図シートの内容を挿入...		既存の回路図シートの内容を編集中の回路図に貼り付ける
	📥 インポート　>	📥 KiCad以外の回路図...	Altium, CADSTAR, Eagle で作られた回路図をインポートする
		📥 フットプリント割り当て...	PCBエディターでエクスポートしたフットプリント関連付けファイルをここからインポートできる．ただし，KiCad6.0以降は[ツール]-[基板から回路図を更新]の機能を使えるので，こちらはほとんど使わない
		📥 グラフィックス...	ベクタ画像ファイルをインポートする
	📤 エクスポート >	📋 クリップボードに描画	現在の回路図のイメージをクリップボードにコピーする．画像編集ソフトウェアなどで使える
		📶 ネットリスト...	ネットリスト(回路図の接続情報)のファイルを出力できる．このファイルはほかの基板CADやSPICEシミュレータなどで使える
		🔧 シンボルからライブラリへ... 🔧 シンボルから新しいライブラリへ...	回路図で使っているシンボルをライブラリに保存する．回路図データを受け渡すときに便利
	🔧 回路図の設定...		ERC(エレクトリカル ルール チェッカー)の設定や配線の既定値の設定を行う
	📄 ページ設定...		回路図を印刷する際の，用紙サイズや図枠，図枠に設定するタイトル・ブロックの設定を行う
	🖨 印刷...　　　　　　　　　　　Ctrl+P		現在表示している回路図を印刷する
	🖨 プロット...		回路図をベクタ形式の画像として出力する．HPGL形式で出力したファイルは，プロッタでの印刷に使える
	⏻ 閉じる		回路図エディターを閉じる

第2部　プリント基板設計KiCad機能全集

2—メニュー全体の構成　183

表1 回路図エディター画面のメニュー構成（つづき）

[メニューバー] - [プルダウン・メニュー]		説明
編集	↺ 元に戻す	(これらの機能は一般的なアプリケーション・ソフトウェアにある機能と同様)
	↻ やり直し	
	✂ 切り取り　　　　　　　　　　　Ctrl+X	
	📋 コピー　　　　　　　　　　　　Ctrl+C	
	📋 貼り付け　　　　　　　　　　　Ctrl+V	
	📋 特殊な貼り付け...	貼り付け実行時に，貼り付けるシンボルのリファレンス指定子の採番方法を指定する
	🗑 削除　　　　　　　　　　　　　削除	
	すべて選択　　　　　　　　　　Ctrl+A	(これらの機能は一般的なアプリケーション・ソフトウェアにある機能と同様)
	すべて選択解除　　　　　Ctrl+Shift+A	
	🔍 検索　　　　　　　　　　　　Ctrl+F	
	ᴬ_B 検索と置換　　　　　　　Alt+Ctrl+F	
	✎ インタラクティブ削除ツール	クリックした対象を削除する
	T テキストと図形のプロパティを編集...	回路図中のすべてのテキストの書体をまとめて設定できる
	✕ シンボルを変更...	回路図中のシンボルを別のシンボルに差し替える
	シートのページ番号を編集...	回路図の階層シートに任意のページ番号を設定する．ページ番号はテキスト変数の"#"として，ラベルやテキスト，図枠シートから参照できる
	属性　　　　　　　　　　　　　　＞	シミュレーションや部品表，基板から除外したり［未実装］を設定できる
表示	🔖 シンボル ライブラリ ブラウザー	シンボル ライブラリを一覧表示する．このブラウザでシンボルを選択して回路図に配置することもできる
	検索パネルを表示　　　　　　　Ctrl+G	各種情報パネルの表示/非表示を切り替える
	✓ 階層ナビゲーター　　　　　　　Ctrl+H	
	✓ プロパティ マネージャーを表示	
	ネット ナビゲーターを表示	

184　第2章——「回路図エディター」機能全集

[メニューバー] - [プルダウン・メニュー]			説明
表示	← 戻る	Alt+左	階層化回路図を移動する．「戻る」と「進む」は履歴の前後に，「前」と「次」はシート番号の順に移動する
	↑ 上の階層に移動	Alt+上へ	
	→ 進む	Alt+右	
	← 前のシート	Page Up	
	→ 次のシート	Page Down	
	⊕ ズーム イン		拡大表示する
	⊖ ズーム アウト		縮小表示する
	◉ 合わせてズーム	Home	回路図のサイズに合わせてズームする
	◉ オブジェクトに合わせてズーム	Ctrl+Home	選択したオブジェクトに合わせてズームする
	◉ 選択範囲をズーム	Ctrl+F5	選択した範囲に合わせてズームする
	↻ 更新	F5	―
	非表示ピンを表示		各項目の表示／非表示を切り替える
	非表示フィールドを表示		
	✓ 指示ラベルを表示		
	✓ ERC エラーを表示		
	✓ ERC 警告を表示		
	除外したERCマーカーを表示		
	✓ 動作点の電圧を表示		
	✓ 動作点の電流を表示		
配置	▷ シンボルを追加	A	シンボル（部品）を追加
	⏚ 電源を追加	P	電源シンボルを追加
	╱ ワイヤーを追加	W	配線を追加
	╱ バスを追加	B	バス（複数の配線を束ねて1つの線にしたもの）を追加
	⌐ ワイヤー-バス エントリーを追加	Z	バスからワイヤー（通常の配線）を引き出す

2―メニュー全体の構成　185

表1 回路図エディター画面のメニュー構成（つづき）

［メニューバー］-［プルダウン・メニュー］			説明
	✖ 空き端子フラグを追加	Q	空き端子を明示する
	┿ ジャンクションを追加	J	交差する配線を接続する
	A ラベルを追加	L	配線に名前（ラベル）を付ける．同じ回路図中で同じ名前が付けられた配線はつながっているものとして扱う
	⊶A ネットクラス指示を追加		配線にネットクラス（配線幅などを設定したもの）を指定する．回路図上に設計情報として明示できるのが便利
	A グローバル ラベルを追加	Ctrl+L	配線にグローバル ラベル（回路図をまたいで同名ラベルと接続するラベル）を付ける
配置	A◇ 階層ラベルを追加	H	
	シートを追加	S	回路図を階層化する場合に使う
	シートピンをインポート		
	T テキストを追加	T	回路図に文字を追加する（注釈などに使える）．マークアップ記述で3種類の文字装飾（上線，上付き文字，下付き文字）が可能．［テキスト ボックスを追加］では複数行の文字列を書き込める
	▤ テキスト ボックスを追加		
	▢ 矩形を追加		
	◯ 円を追加		回路図に図形を追加する．描画した図形のコンテキスト・メニューから［プロパティ...］を選択するとスタイルが設定できる
	⌒ 円弧を追加		
	⋮ 線を追加	I	
	▨ 画像を追加		回路図中に画像データを貼り付ける．文字では説明しきれない場合などに使う．配置した画像のコンテキスト・メニューから［編集］を選択すると拡大率を変更できる
検査	⊟ エレクトリカル ルール チェッカー(ERC)		
	◀ 前のマーカー		回路図のエラー・チェックを行う
	▶ 次のマーカー		
	⊖ マーカーを除外		
	▥ ライブラリとシンボルを比較		シンボルに行った変更を元データと比較して表示する
	⊛ シミュレーター...		作成した回路図のシミュレーションを行う

	[メニューバー] - [プルダウン・メニュー]		説明
ツール	回路図から基板を更新... `F8`		PCBエディターを起動して，回路図エディターのデータを取り込む（データを反映する）
	PCBエディターに切り替え		データの反映などを行わず，単純にPCBエディターを起動する
	プロジェクト マネージャー に切り替え		プロジェクト マネージャーを起動する
	シンボル エディター		シンボル エディターを起動する
	ライブラリからシンボルを更新...		シンボルのプロパティの設定値をライブラリのデフォルト値で更新する
	シンボルをレスキュー...		キャッシュ・ファイルに残っているシンボルをライブラリに書き出す
	以前の形式のライブラリのシンボルをリマップ...		古いバージョンの回路図データに含まれるシンボルの置き換えを行う
	シンボル フィールドを編集...		シンボルのフィールドの値を表形式で一覧編集する
	シンボル ライブラリへのリンクを編集...		回路図上にあるシンボルを別のシンボルに一括で置き換える（端子の位置が異なる場合は個別に修正が必要）
	回路図をアノテーション...		回路図上でリファレンス指定子（番号）が振られていないシンボルに対して採番する．KiCad7.0以降はデフォルトで［シンボルの自動アノテーション］が有効になっているので，明示的に使うことは少ない
	フットプリントを割り当て...		回路図エディターのシンボルとPCBエディターのフットプリントを対応づける
	部品表を生成...		回路図にあるシンボルから部品表を作成し，csvやhtmlのファイルで出力する
	古い形式の部品表を生成...		PythonやXSLTのプラグインを使った従来の方法で部品表を出力する
	基板から回路図を更新...		PCBエディターで行ったデータ変更を回路図エディターのデータに反映する
設定	パスを設定...		（プロジェクト マネージャーの設定メニューと同じ）
	シンボル ライブラリを管理...		
	設定... `Ctrl+,`		
	言語設定 `>`		

※ヘルプのメニューは各ツールで共通なので省略

2—メニュー全体の構成　187

第2部　プリント基板設計KiCad 機能全集

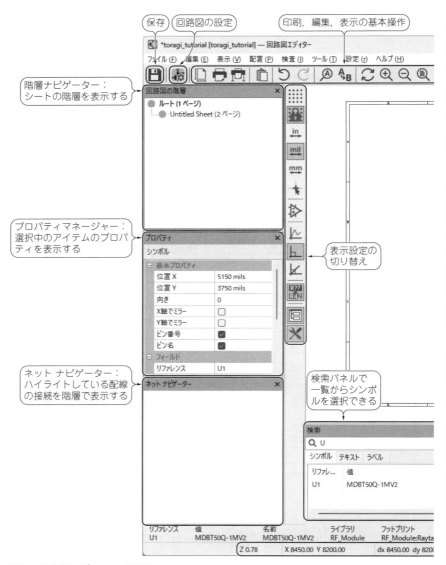

図1　回路図エディターの画面

第2章——「回路図エディター」機能全集

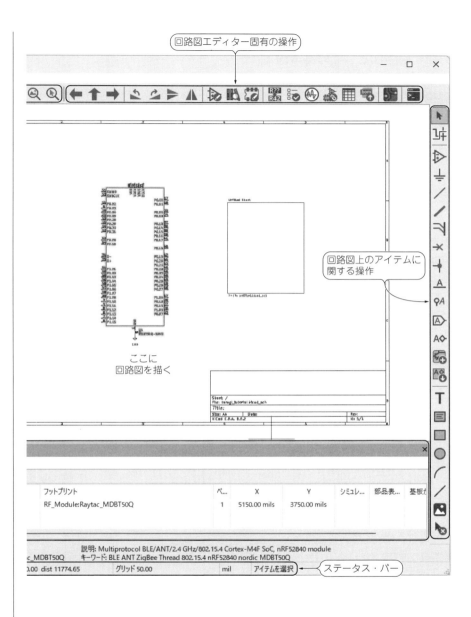

2—メニュー全体の構成

3 — 回路図としての基本設定

● 回路図の設定

 **回路図の設定**　　　　　　　　　　　　　　　　　　　アイコン位置：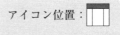

メニュー：[ファイル(F)]-[回路図の設定]

回路図の見た目やルール・チェックのレベル，配線幅の既定値などを設定できます．図2のダイアログで設定できる項目を表2に示します．

図2　回路図の設定ダイアログ

表2 [ファイル] - [回路図の設定…] で設定できる項目

設定項目		内　容
一般設定	フォーマット	回路図のテキストや線の描画のデフォルト値など，主に回路図の見た目にかかわる項目を設定する
	フィールド名テンプレート	回路図中のすべてのシンボルに追加する，ユーザ定義のフィールドを設定する
	BOM プリセット	部品表のフォーマットを設定する．設定を別のプロジェクトからインポートできる
エレクトリカルルール	違反の深刻度	ERC（エレクトリカル ルール チェッカー）のチェック項目ごとにエラーのレベルを設定する
	ピン競合マップ	ERC のピン間接続のチェックで，組み合わせごとのエラーの扱いを設定する
プロジェクト	ネットクラス	配線幅などに応じたネットクラスを設定する．ネットクラス名は PCB エディターと共有されているが，ここで設定する線幅やカラー，線のスタイルは回路図エディターでの表示用であり，PCB エディターの配線幅などとは連動しない
	バスエイリアス定義	バスのエイリアス（わかりやすい別名）を定義する
	テキスト変数	文字列を置き換える変数を設定する．この設定は PCB エディターと共有されており，変更すると双方に設定が反映される

● テキスト/図形の書式の一括設定

Ｔ　テキストと図形のプロパティを編集…

メニュー：[編集(E)]-[テキストと図形のプロパティを編集…]

回路図中のすべてのテキストの書体をまとめて設定できます（**図3**）．回路図には，リファレンス指定子や値などのシンボルに付随するテキストやラベル，独立したテキスト・アイテムなど，いろいろな形でテキストが使われています．**図3**右上にあるフィルター機能で種別を絞って変更を適用できます．

● シンボルを別のシンボルに差し替え

⤭　シンボルを変更…

メニュー：[編集(E)]-[シンボルを変更…]
　　　　　または，対象を右クリック-[シンボルを変更…]

現在のシンボルを異なるシンボルに入れ替える機能です．よく似た機能の[シンボルを更新…]は，シンボルのプロパティの設定値をライブラリのデフォルト値で更新する機能です．

3—回路図としての基本設定　191

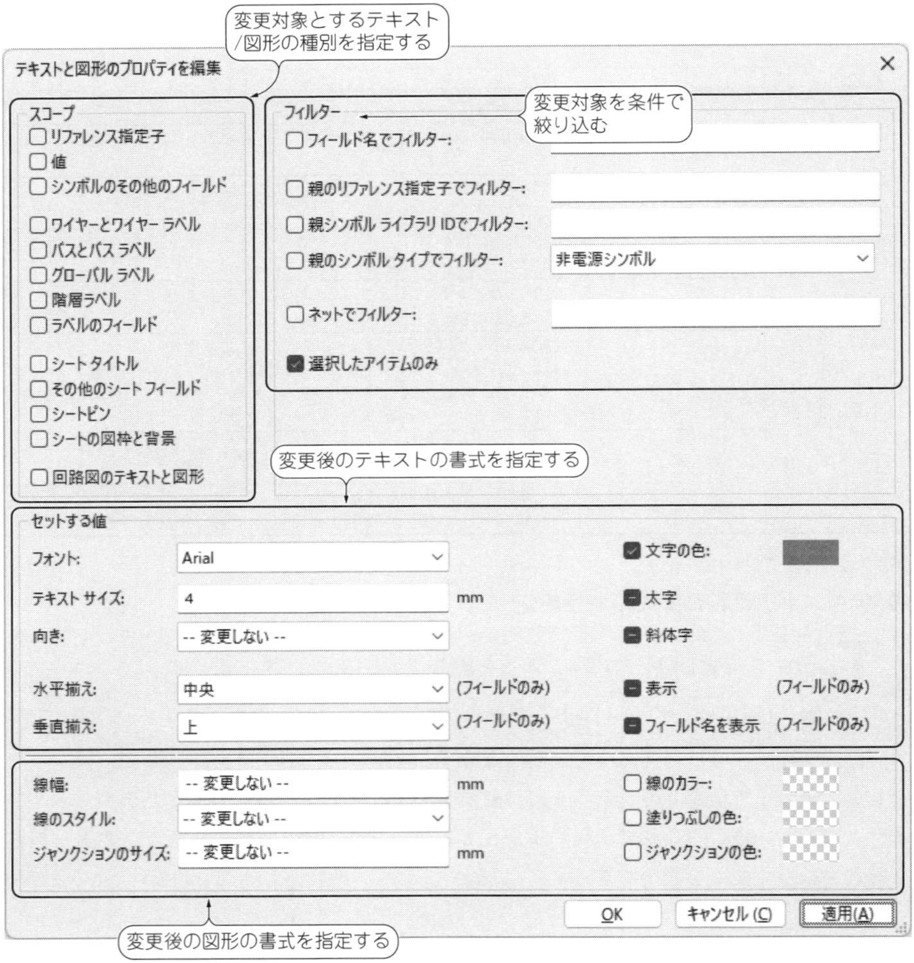

変更対象とするテキスト
/図形の種別を指定する

テキストと図形のプロパティを編集　　　　　　　　　　　　　　　　　　　　　　×

スコープ
☐ リファレンス指定子
☐ 値
☐ シンボルのその他のフィールド

☐ ワイヤーとワイヤー ラベル
☐ バスとバス ラベル
☐ グローバル ラベル
☐ 階層ラベル
☐ ラベルのフィールド

☐ シート タイトル
☐ その他のシート フィールド
☐ シートピン
☐ シートの図枠と背景

☐ 回路図のテキストと図形

フィルター
☐ フィールド名でフィルター:

☐ 親のリファレンス指定子でフィルター:

☐ 親シンボル ライブラリ IDでフィルター:

☐ 親のシンボル タイプでフィルター:　非電源シンボル　　　⌄

☐ ネットでフィルター:

☑ 選択したアイテムのみ

変更対象を条件で
絞り込む

変更後のテキストの書式を指定する

セットする値

フォント:	Arial ⌄		☑ 文字の色:	
テキスト サイズ:	4	mm	■ 太字	
向き:	-- 変更しない -- ⌄		■ 斜体字	
水平揃え:	中央 ⌄	(フィールドのみ)	■ 表示	(フィールドのみ)
垂直揃え:	上 ⌄	(フィールドのみ)	■ フィールド名を表示	(フィールドのみ)

線幅:	-- 変更しない --	mm	☐ 線のカラー:	
線のスタイル:	-- 変更しない -- ⌄		☐ 塗りつぶしの色:	
ジャンクションのサイズ:	-- 変更しない --	mm	☐ ジャンクションの色:	

　　　　　　　　　　　　　　　　　　　　　　　OK　　キャンセル (C)　　適用(A)

変更後の図形の書式を指定する

図3　書式を一括設定できる［テキストと図形のプロパティを編集］ダイアログ

● 階層化シートのページ番号の設定

　　　　シートのページ番号を編集…

メニュー：[編集(E)]-[シートのページ番号を編集…]
　　　　　または，対象を右クリック-[シートのページ番号を編集…]

192　第2章——「回路図エディター」機能全集

シートのページ番号として，任意の数値を設定できます．ページ番号は，テキスト変数の"#"としてラベルやテキスト，図枠シートから参照できます．

4 ── 部品/電源/グラウンドのシンボルの配置

● 配置する部品シンボルの選択

 シンボルを追加　　　　　　　　　　　　アイコン位置：
メニュー：[配置(P)]-[シンボルを追加]　　　　ホットキー：A

使用するシンボル(回路図記号)を回路図上に配置します．

[シンボルを追加]を選択して回路図をクリックすると，ダイアログが開き，シンボルの一覧が表示されるので，使用する部品に対応するシンボルを選択します．

● 電源やグラウンドの追加

 電源を追加　　　　　　　　　　　　　　アイコン位置：
メニュー：[配置(P)]-[電源を追加]　　　　　　ホットキー：P

電源(V_{CC}など)やグラウンド(GND)の回路図記号は，「電源シンボル」として[電源を追加]で追加できます．[シンボルを追加]と似た機能ですが，ダイアログで表示されるシンボルが電源シンボルに限定されます．

● シンボルや配線の移動/回転/反転

 移動
メニュー：対象を右クリック-[移動]　　　　　ホットキー：M

 ドラッグ
メニュー：対象を右クリック-[ドラッグ]　　　ホットキー：G

グリッドに揃える
メニュー：対象を右クリック-[グリッドに揃える]

4─部品/電源/グラウンドのシンボルの配置　193

左回転
メニュー：対象を右クリック-[左回転]　　　　　　　ホットキー：[R]

右回転
メニュー：対象を右クリック-[右回転]

垂直反転
メニュー：対象を右クリック-[垂直反転]　　　　　　ホットキー：[Y]

水平反転
メニュー：対象を右クリック-[水平反転]　　　　　　ホットキー：[X]

シンボルや配線に対する基本的な操作として，[移動]，[回転]，[垂直反転]，[水平反転]を行うことができます．シンボルを回転させたり左右を反転して配置したりすることで，配線しやすい向きで配置できます．[ドラッグ]は，配線の接続を維持しながら移動を行います．[グリッドに揃える]は，グリッドから外れて配線の位置が合わない場合にシンボルをグリッドに合わせて微調整します．

移動や回転はよく行う操作なので，それぞれのホットキー（[M]，[R]）を使うと効率的です．

● 配置したシンボルや配線の削除

インタラクティブ削除ツール　　　　　　　　　アイコン位置：
メニュー：[編集(E)]-[インタラクティブ削除ツール]

配置した配線やシンボルを削除します．カーソルの形状が消しゴムの形に変化した状態で回路図中のシンボルや配線をクリックすると，回路図から削除できます．なお，シンボルや配線を削除するには，対象を選択して[Delete]キーの押下を行うことでも可能です．

5 —— 配置したシンボルのプロパティや値の設定

● シンボルのプロパティの編集

 プロパティ ...

メニュー：対象を右クリック-[プロパティ ...]　　　　　　　　ホットキー：[E]

コンテキスト・メニュー（対象を右クリックして開くメニュー）の[プロパティ ...]からシンボルのプロパティを編集できます(図4).

▶独自に追加したフィールドの使い方

KiCadでは，シンボルの情報をフィールドとして保持しています．初期状態では[リフ

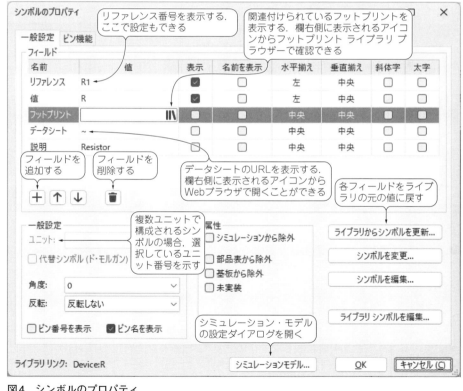

図4　シンボルのプロパティ

ァレンス]，[値]，[フットプリント]，[データシート]の情報を持っています．

SPICEシミュレーションの設定などは，追加のフィールドとして情報が格納されています．部品表の出力スクリプトなどで使う情報の格納のためにユーザ定義のフィールドを作ることができます．

ユーザ定義のフィールドを追加している例としては，電子部品販売サイトのDigiKey社が配布する「digikey-kicad-library」があります．このライブラリに含まれるシンボルには，同社のサイトで部品の発注に使えるパーツの品番などの情報が独自のフィールドとして設定されています．BOM生成のスクリプトでこの情報を抽出することで，DigiKeyのサイトで部品を購入するためのcsvファイルを出力できます．

● リファレンス指定子や値の編集

> リファレンス指定子を編集… ホットキー：Ⓤ
> メニュー：対象を右クリック-[メインフィールドを編集]-[リファレンス指定子を編集…]

> 値を編集… ホットキー：Ⓥ
> メニュー：対象を右クリック-[メインフィールドを編集]-[値を編集…]

> フットプリントを編集… ホットキー：Ⓕ
> メニュー：対象を右クリック-[メインフィールドを編集]-[フットプリントを編集…]

それぞれ，シンボルのリファレンス指定子，値，フットプリントを編集できます．

図5に値を編集するダイアログを示します．ダイアログで，回路図中に表示する際の名前と書体を設定します．

● 74ロジックICなどで使う記号表現

> シンボル ユニット
> メニュー：対象を右クリック-[シンボル ユニット]

同一の部品が複数のユニットに分割して表現されているシンボルの場合，[シンボル ユニット]でユニットを選択できます．74シリーズのようなロジックICのシンボルで頻繁に用いられます．

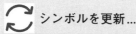

図5 [値を編集] ダイアログ

● シンボルのフィールドの値を元に戻す

> **シンボルを更新…**
> メニュー：[ツール(T)]-[ライブラリからシンボルを更新…]
>   または，対象を右クリック-[シンボルを更新…]

シンボルのプロパティの設定値をライブラリのデフォルト値で更新します．

通常，プロパティの設定値をライブラリの初期値に戻す動作になります．更新する範囲は，図6のダイアログで指定します．

● シンボルそのものの編集

> **シンボル エディターで編集…**
> メニュー：対象を右クリック-[シンボル エディターで編集…]　　　Ctrl + E

選択したシンボルを編集できます．変更は選択したシンボルに対してのみ適用され，回路図内のほかのシンボルや，ライブラリそのものには変更は行われません．作成している回路図でシンボルを個別に調整する必要がある場合に，この操作を行います．

▶ライブラリに含まれていないシンボルが必要な場合

標準以外のライブラリを使用するには，[シンボル ライブラリを管理]で使用するライブラリを追加します．必要なシンボルがない場合は[シンボル エディター]で新しくシンボルを作成することもできます．

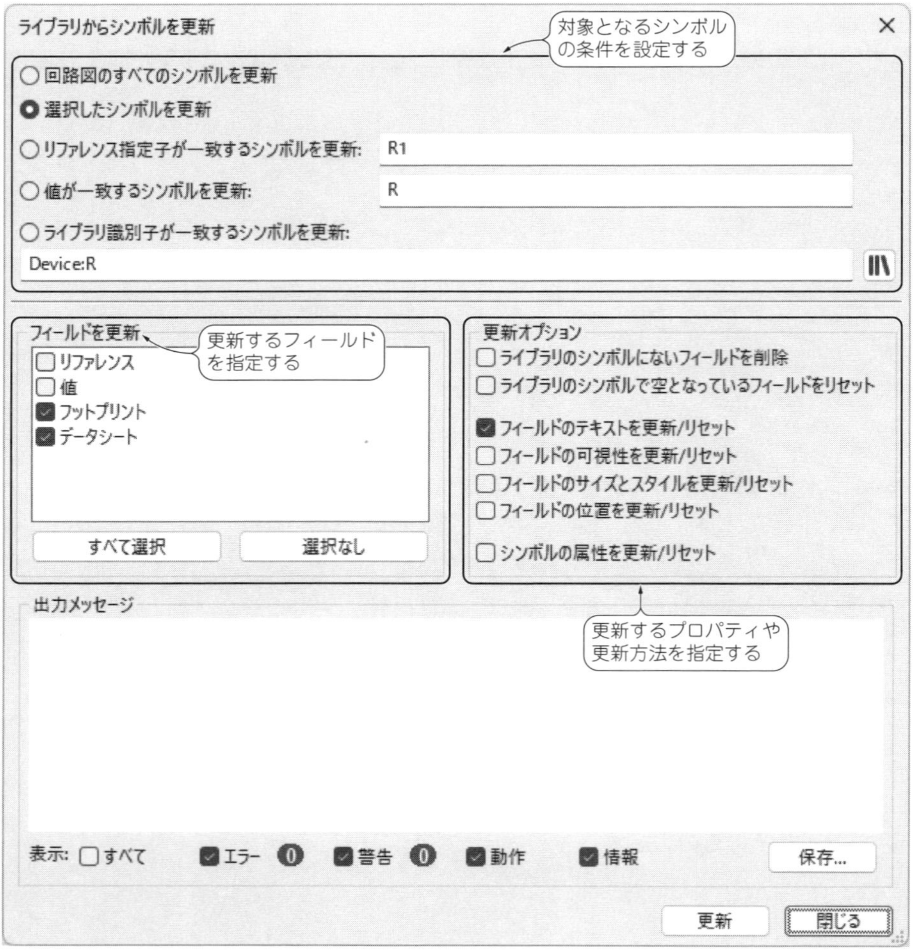

ライブラリからシンボルを更新　　　　　　　　　　　対象となるシンボル　　　✕
　　　　　　　　　　　　　　　　　　　　　　　　　　　の条件を設定する

○ 回路図のすべてのシンボルを更新
● 選択したシンボルを更新
○ リファレンス指定子が一致するシンボルを更新:　　R1
○ 値が一致するシンボルを更新:　　　　　　　　　　R
○ ライブラリ識別子が一致するシンボルを更新:
Device:R

フィールドを更新　　　更新するフィールド　　　　　更新オプション
　　　　　　　　　　　を指定する　　　　　　　　　☐ ライブラリのシンボルにないフィールドを削除
☐ リファレンス　　　　　　　　　　　　　　　　　☐ ライブラリのシンボルで空となっているフィールドをリセット
☐ 値
☑ フットプリント　　　　　　　　　　　　　　　　☑ フィールドのテキストを更新/リセット
☑ データシート　　　　　　　　　　　　　　　　　☐ フィールドの可視性を更新/リセット
　　　　　　　　　　　　　　　　　　　　　　　　☐ フィールドのサイズとスタイルを更新/リセット
　　　　　　　　　　　　　　　　　　　　　　　　☐ フィールドの位置を更新/リセット

　　　すべて選択　　　　　　　選択なし　　　　　　☐ シンボルの属性を更新/リセット

出力メッセージ
　　　　　　　　　　　　　　　　　　　　更新するプロパティや
　　　　　　　　　　　　　　　　　　　　更新方法を指定する

表示: ☐ すべて　　☑ エラー ⓪　☑ 警告 ⓪　☑ 動作　☑ 情報　　　　保存...

　　　　　　　　　　　　　　　　　　　　　　　　　更新　　　閉じる

図6　［ライブラリからシンボルを更新］ダイアログ

6 ── シンボル間の配線

　回路図エディターでは，配置したシンボルの端子間を配線して回路図を作成します．配線に関する操作として，通常の配線と，バスの配線（複数の配線を束ねて配線する）があります．

● 配線する

> **／ ワイヤーを追加**　　　　　　　　　　アイコン位置：
> メニュー：[配置(P)]-[ワイヤーを追加]　　ホットキー：W

　回路図の配線を行います．回路図上の未配線の端子をクリックし，端子間を配線します．アイコンが[バスを追加]と似ているので注意します．

● 配線の切断／分割

> **切断**
> メニュー：対象を右クリック-[切断]

> **分割**
> メニュー：対象を右クリック-[分割]

　[切断]は右クリックした配線全体を切り離して移動する操作，[分割]は右クリックした箇所で配線を切り，移動する操作です．

● 交差する配線を接続する

> **ジャンクションを追加**　　　　　　アイコン位置：
> メニュー：[配置(P)]-[ジャンクションを追加]　　ホットキー：J

　交差する配線を接続するには，ジャンクションを配置します．ジャンクションは●で示され，ジャンクションに接続されている配線は，相互に接続されているものとみなされます．[ジャンクションを追加]の機能で明示的に配置するほか，[ワイヤーを追加]の操作中にT字の配線が行われた場合に，その交点に自動的にジャンクションが配置されます．

● 未接続の端子を明示する

✕ **空き端子フラグを追加**　　　　　　　アイコン位置：

メニュー：[配置(P)]-[空き端子フラグを追加]　　　ホットキー：Q

　ICのピンをオープンにしておく場合など，配線を行わない端子には「空き端子フラグ」
を配置します．

　空き端子フラグは回路設計上の意味合いはありません．ERC(エレクトリカル ルール
チェッカー)にて未配線の端子があるとエラーとして判定されるので，空き端子フラグを
配置して明示的に配線しないことを示し，エラーにならないようにします．

● バスの配線

　シンボルの端子間を配線する方法として，通常の配線のほか，複数の配線を束ねて配線
できます(バスの配線，**図7**)．バスは，パラレル信号線のように複数の配線をひとまとめ
にして扱う場合に，特に有用です．

Column 1

バスに別名を付ける

▶**バスにつけるラベル名の規約**

　バスには，そのバスが収容するネットの名前をルールに従って設定する必要がありま
す．SDA，SCLの2つのネットを収容するバスには ‖SDA SCL‖ のように，‖ で囲ん
で，スペースで区切ってネット名を並べたラベルを設定します．

　「BUS1, BUS2, BUS3, …」のような，「共通名とそれに続く連番」のような名前には，省
略して書く記法が使えます．「BUS[1..10]」のようにバスにラベルを付けると，BUS1か
らBUS10のネットを収容できます．

▶**バス名のエイリアス**

　前述の記法に従ったバスのラベル名がわかりにくい場合は，[回路図の設定]ダイアロ
グの[バス エイリアス定義]の機能を使って，別名(エイリアス)を付けることができます．

　図Aの左側にバスのエイリアス名(I2C)を，右側にバスに含まれるネット名(SDAと
SCL)を設定することで，‖I2C‖ を2つのネットを含む定義として使うことができます．

第2章——「回路図エディター」機能全集

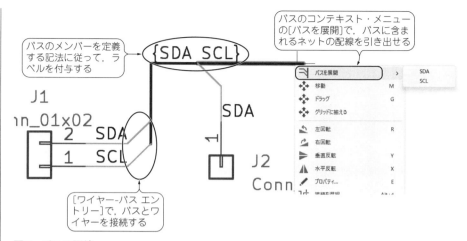

図7 バスの配線
複数の配線を束ねてバスとして扱う．通常の配線とバスを接続するには，バスに配線エントリーを追加する．また，バスを展開して配線を引き出すこともできる．バスにはネット名を並べたラベルを設定する．

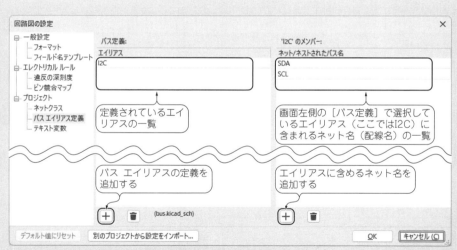

図A バスのエイリアス（別名）を定義する
このダイアログは［ファイル］-［回路図の設定］-［バス エイリアス定義］から開く．

6—シンボル間の配線

バスを追加	アイコン位置：
メニュー：[配置(P)]-[バスを追加]	ホットキー：B

ワイヤー-バス エントリーを追加	アイコン位置：
メニュー：[配置(P)]-[ワイヤー-バス エントリーを追加]	ホットキー：Z

バス配線は，[バスを追加]で行います．バスの配線は通常の配線と同じように引けますが，そのままではシンボルの端子に接続できません．[ワイヤー-バス エントリーの追加]を行って，バスから通常の配線を引き出す必要があります．

7 — 配線に名前を付けるラベル

● 配線に名前を付ける

配線に名前（ラベル）を付けることができます．同じ回路図中で同じラベルが付けられた配線はつながっているものとして扱われます．これを使って，配線が複雑に絡まないように回路図を分割して描くことができます（第1部 第5章を参照）．

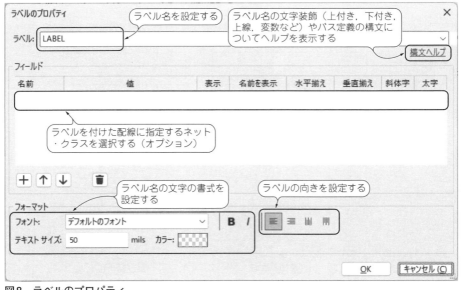

図8　ラベルのプロパティ

A ラベルを追加

メニュー：[配置(P)]-[ラベルを追加]
　　　　　または，対象を右クリック-[ラベルを追加]

アイコン位置：
ホットキー：[L]

配線の上にラベルを配置します．**図8**のダイアログが表示されるので，ラベル名とラベルの向き，文字を設定します．ラベルの向きは回転のホットキーのRでも行えます．

同名のラベルが付けられた配線同士は，接続されたものとして扱われます．ラベルを使うことで，配線を省略した表記が行えます．

♀A ネットクラス指示を追加

メニュー：[配置(P)]-[ネットクラス指示を追加]

アイコン位置：

[ネットクラス指示ラベル]は，基板の設計時に使う配線の幅をネットクラスとして回路図上で指定する機能です．このラベルを付けた配線のネットリストが，ダイアログ(**図9**)で選択したネットリストに設定されます．PCBエディターの[基板の設定]のメニューで指示するよりも，回路図上に設計情報として明示できることが便利です([回路図の設定]の「プロジェクト」-「ネットクラス」も参照)．

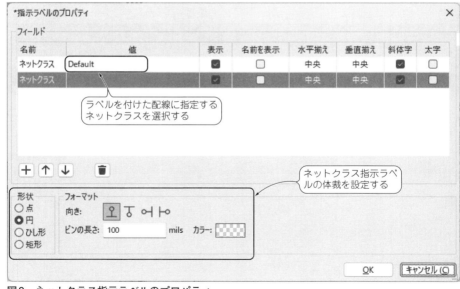

図9 ネットクラス指示ラベルのプロパティ

7—配線に名前を付けるラベル

● 配線とネットを強調表示する

部品や配線の接続情報を「ネット」といいます．回路図上の配線は基板データ上のパターンと対応しており，回路図で設定されたラベルの名前は基板に「ネット名」として反映されます．

ネットをハイライト　　　　　　　　　　　　　　　　　アイコン位置：

選択した配線とつながっているすべての配線ををハイライト(強調表示)します．ラベルを使って分割して描かれている配線を確認するのに便利です．

PCBエディターを開いている場合には，**図10**のように，対応する基板上のパターンも強調表示を行います．ネット ナビゲーターのパネルには，ハイライトしているネットの接続が階層的に表示されます．

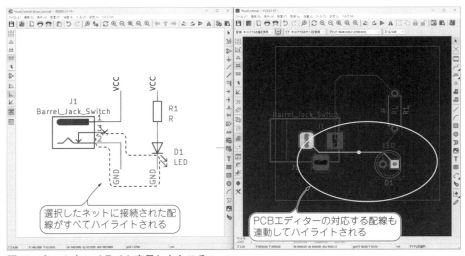

図10　ネットをハイライト表示したところ

8 — 回路図の階層化

　階層化回路図は，KiCadで大きな回路図を扱うための機能です．大きな回路を機能ごとの回路図に分割して設計することができます．

● 階層化回路図を作る

シートを追加

メニュー：[配置(P)]-[シートを追加]　　　　　　アイコン位置：
ホットキー：[S]

　現在の回路図の下位の階層のシート(サブシート)を作成します(第1部 第5章を参照)．

● 階層ラベル，グローバル ラベルを設定する

A◇ 階層ラベルを追加

メニュー：[配置(P)]-[階層ラベルを追加]　　　　アイコン位置：
ホットキー：[H]

　階層ラベルを付けると，シート内の配線に上位の階層シートから接続できるようになります．

A グローバル ラベルを追加

メニュー：[配置(P)]-[グローバル ラベルを追加]　アイコン位置：
ホットキー：[Ctrl]+[L]

　グローバル ラベルを付けると，回路図をまたいで同名のラベルと接続されます．

▶シート間リファレンスの表示

　[回路図の設定]-[フォーマット]でシート間リファレンスの表示を有効にすると，グローバル ラベルの後ろにシート間リファレンスが表示されます(**図11**)．シート間リファレンスはリンクになっていて，回路図中の別の場所で使われている同じグローバル ラベルにジャンプすることができます．

図11　シート間リファレンスを表示

グローバル・ラベルの後ろにシート間リファレンスが表示される．クリックすると，ほかのグローバル ラベルにジャンプできる

● シートピンを操作する

シートピンをインポート　　　アイコン位置：

メニュー：[配置(P)]-[シートピンをインポート]

［シートピンをインポート］を行うと，サブシート内に配置された階層ラベルを「シートピン」として階層シートの矩形の縁に配置できます．シートピンの形状などは，シートピンのプロパティ（**図12**）で設定できます．

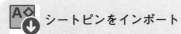

図12　シートピンのプロパティ

9 — リファレンス番号を割り当てるアノテーション

● アノテーションの実行

 回路図をアノテーション…　　　　　　　　　　　アイコン位置：

メニュー：[ツール(T)]-[回路図をアノテーション…]

リファレンス指定子の割り当て直しを行います(**図13**)．階層化回路図を使う際，シートごとに番号を区分するような場合に便利です．

自動的にアノテーション　　　　　　　　　　　　アイコン位置：

有効にするとシンボルを回路図に配置したときに，自動的に番号を割り振ります．

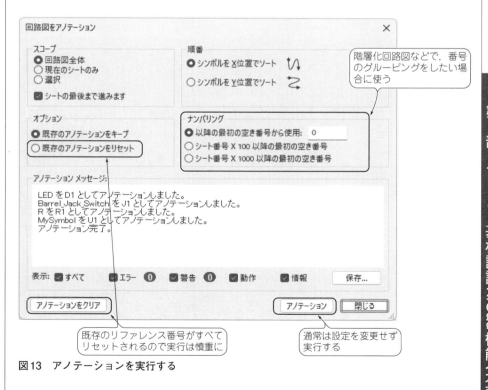

図13 アノテーションを実行する

10 — 文字/図形の描画

回路図に注釈を入れるための，簡単な図形描画や画像を貼り付ける機能があります．

● 回路図への文字の描画

T テキストを追加　　　　　　　　　　　　　　　アイコン位置：
メニュー：[配置(P)]-[テキストを追加]　　　　　　ホットキー：[T]

≡ テキスト ボックスを追加　　　　　　　　　　アイコン位置：
メニュー：[配置(P)]-[テキスト ボックスを追加]

[テキストを追加]の機能で，回路図中に文字を書き込めます．図14のダイアログで配置する文字と書式を設定します．[テキストボックスを追加]では，複数行の文字列を書き込めます．長い文字列を入力した場合，枠線からはみ出して描画します．

▶ 文字の装飾

テキストの文字には簡単なマークアップが使えます．上線（信号の反転の表示として使われる），上付き文字，下付き文字の3種類の文字装飾を行うことができます．

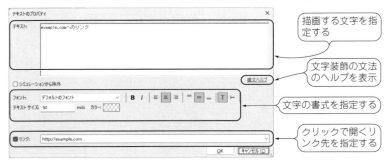

(a) テキストのプロパティ設定画面

図14　テキストのプロパティ設定

(b) 設定したテキストの見え方

▶変数を設定して文字列を置換する

テキスト変数を設定でき，プロジェクトの設定からテキストの内容を入れ替えることができます．テキスト変数はプロジェクト内において共通で，回路図エディターからもPCBエディターからも参照できます．

テキスト変数の設定は，[ファイル]-[回路図の設定...]から[プロジェクト]-[テキスト変数]で定義と値の設定を行います(図15)．

図15(a)の設定では，変数名MYVARの変数に「ユーザー設定の値」という文字列が設

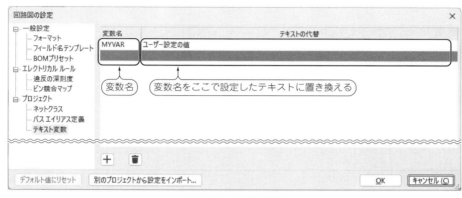

(a) テキスト変数の設定

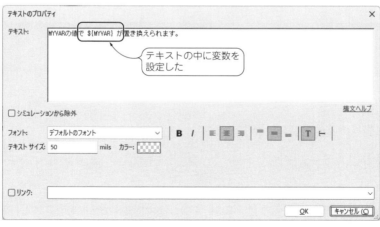

(b) テキストのプロパティ設定画面

図15 テキスト変数の設定

定されています．この設定で，テキスト・アイテム(もしくはラベル)のテキストに"$|MYVAR|"という文字列があると，それが「ユーザー設定の値」に置き換えられます．

ここで定義したテキスト変数以外にも，[ファイル]-[ページ設定...]のタイトル欄ブロックで定義されている値が変数として扱えます．

さらに，$|リファレンス指定子:フィールド名| の記法で，シンボルのフィールドの値で変数の置換を行えます．例えば，$|R3:VALUE| とすると，R3のリファレンス指定子を持つシンボルのVALUEのフィールドの値でテキストを置き換えます．フィールドにはユーザー定義のフィールドも使用可能です．

● 回路図への図形の描画

■ 矩形を追加　　　　　　　　　　　　　　　　　　　アイコン位置：
メニュー：[配置(V)]-[矩形を追加]

● 円を追加　　　　　　　　　　　　　　　　　　　　アイコン位置：
メニュー：[配置(V)]-[円を追加]

円弧を追加　　　　　　　　　　　　　　　　　　　　アイコン位置：
メニュー：[配置(V)]-[円弧を追加]

線を追加　　　　　　　　　　　　　　　　　　　　　アイコン位置：
メニュー：[配置(V)]-[線を追加]

追加した図形や線のスタイルを設定するには，図形や線を右クリックし，コンテクスト・メニューから[プロパティ...]を選択すると，**図16**のようなダイアログで設定できます．

● 回路図への画像の貼り付け

イメージを追加　　　　　　　　　　　　　　　　　　アイコン位置：
メニュー：[配置(P)]-[イメージを追加]

回路図中に画像データを貼り付けることができます．文字では説明しきれない説明を入れるときなどに使います．配置した画像のコンテクスト・メニューから[編集]を選択すると，**図17**のダイアログで，拡大率の変更などを行えます．

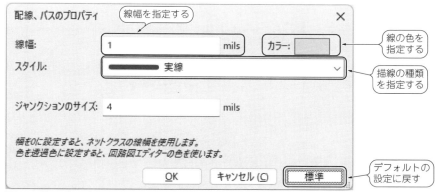

図16 線のプロパティでスタイルを設定できる

図17 画像のプロパティ

10―文字/図形の描画

11 ── 回路データのルール・チェック「ERC」

「エレクトリカル ルール チェッカー (ERC)」で配線のエラー・チェックを行います.シンボルの情報をもとに,配線の間違いなどを指摘してくれます.

● ルール・チェックの実行

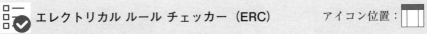

エレクトリカル ルール チェッカー (ERC)　　　アイコン位置：

メニュー：[検査(I)]-[エレクトリカル ルール チェッカー (ERC)]

回路図の配線についてエラー・チェックを行います(第1部 第2章を参照).

● ルール・チェックのオプション設定

[ファイル]-[回路図の設定...]-[エレクトリカル ルール]で,ルール・チェックのオプションを設定できます.

▶違反の深刻度

ルール・チェックにひっかかる項目について,「エラー」,「警告」,「無視」のいずれとするのかを変更できます. 通常はデフォルトの設定で問題ありませんが,警告を厳しくチェックしたい場合などに,設定を行います.

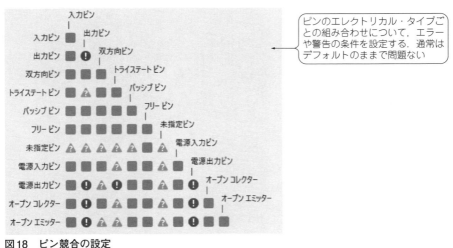

ピンのエレクトリカル・タイプごとの組み合わせについて,エラーや警告の条件を設定する. 通常はデフォルトのままで問題ない

図18　ピン競合の設定

▶ピン競合の設定

［ピン競合マップ］(図18)の項目で，ピンの組み合わせごとに，「エラー」，「警告」，「無視」のいずれとするのかを設定できます．通常はデフォルトの設定で問題ありません．

12 — シンボルのシミュレーション・モデルの設定

KiCadの回路図エディターには，回路シミュレータngspiceが統合されており，作成した回路図からシミュレーションを行うことができます．シミュレーションを行う前に，それぞれのシンボルにシミュレーション・モデルの設定を行います．

シミュレーションを行うには，回路図にあるシンボルに対して抵抗やコンデンサの値，半導体の挙動などの情報を追加する必要があります．シンボルのプロパティ画面にある［シミュレーション モデル...］のボタンを押して，モデルの設定を行います．

▶ICはファイルからSPICEモデルを読み込む

半導体やICのシミュレーションでは，ファイルとして提供される外部SPICEモデルを使用します．図19に示すのが，STマイクロエレクトロニクス社が提供しているLM358のSPICEモデル(https://www.st.com/resource/en/spice_model/lm358.zip)を読み込んだ場合の表示例です．このモデルでは，2回路入りのLM358のうち1回路のみを使うので，［ピンの割り当て］タブで，モデルのピンを使用するユニットのシンボルのピンに割り当てます．

 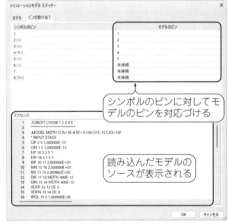

(a)［モデル］タブ　　　　　　　　(b)［ピンの割り当て］タブ

図19　シミュレーションモデル エディター(OPアンプ LM358のSPICEモデルを読み込んだところ)

▶受動素子や電源は内蔵のSPICEモデルを使う

抵抗，コンデンサ，インダクタなどの受動素子と電源（ソース）のシミュレーション設定は「内蔵のSPICEモデル」に対して行います（詳しくは第1部第11章を参照）．

▶値フィールドに主パラメータを保存

「値フィールドに主パラメータを保存」にチェックを入れると，シミュレーションモデル エディターでの変更を値に反映します．このチェックを外すと，シンボルの値とシミュレーション・モデルの値が連動しなくなります．

13 ── SPICE回路シミュレーション

シミュレーションを実行して，回路の振る舞いを調べます．

● SPICE回路シミュレータの起動

 シミュレーター

メニュー：[検査(I)]-[シミュレーター]

回路図エディターからSPICE回路シミュレータを起動します．以降，本節で説明するメニューはSPICEシミュレーター内のメニューです．

● シミュレーションの設定

 新しい解析タブ...　　　　　　　　　　　　　　　アイコン位置：

メニュー：[シミュレーション(S)]-[新しい解析タブ...]

シミュレーションの実行条件を設定します．解析タイプを下記から選んで必要な設定を行います．

▶ OP ── DC動作点

動作点解析は定常状態での動作点を求めます．動作点解析には設定項目がありません．また，シミュレーション結果はグラフではなくコンソールに数値として表示されるだけとなります．

▶ DC ── DCスイープ解析

DC伝送解析は電源の電圧を変化させたときの回路の応答を解析します．2つのDC電源を指定できます．

▶ AC — 小信号解析

AC解析では,AC電源の周波数を変化させて,位相/利得のグラフをプロットします.

▶ TRAN — 過渡応答解析

時間に対する回路の応答の波形をシミュレーションします.

▶ PZ — 極・零点解析

極・零点解析は,小信号AC伝達関数の極や零点を計算します.

▶ NOISE — ノイズ解析

ノイズ解析は,特定の回路のデバイス生成ノイズを測定します.

▶ SP — S-パラメーター解析

▶ FFT — 周波数成分分析

シミュレーションの設定については,ngspiceのドキュメントも参考になります.

https://ngspice.sourceforge.io/docs.html

● シミュレーションの実行

▶ シミュレーションを実行

アイコン位置：

メニュー：[シミュレーション(S)]-[シミュレーションを実行]　ホットキー：R

あらかじめ設定した条件でシミュレーションを実行します(図20).

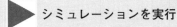

回路図からプローブ...

アイコン位置：

メニュー：[シミュレーション(S)]-[回路図からプローブ...]　ホットキー：P

シミュレーションを実行しても,そのままでは画面に何も表示されません.「プローブ」の機能で,回路図上から変化を調べる箇所を指定します.

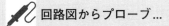

値の調整を追加...

アイコン位置：

メニュー：[シミュレーション(S)]-[値の調整を追加...]　ホットキー：T

シミュレーションした回路のシンボルの値を変えて実験を行います.回路図上から値を変更するシンボルを選択すると,シンボルの値に対応するスライダーがシミュレーション画面の右下に現れます.これを操作して値を変え,シミュレーションを再実行します.

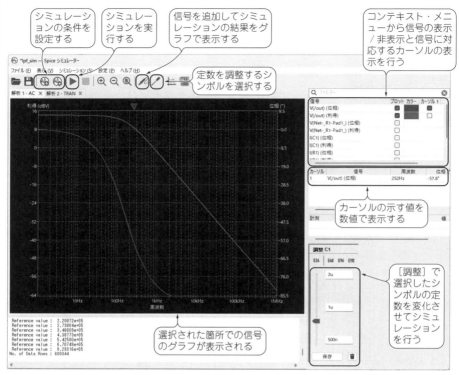

図20 シミュレーションの実行結果

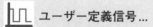 **ユーザー定義信号...**　　　　　　　　　　　　　　　　　　　アイコン位置：

メニュー：[シミュレーション(S)]-[ユーザー定義信号...]

ユーザー定義の信号を追加します．ダイアログで関数を使った式を定義して信号を作成します．

● シミュレーション設定の保存

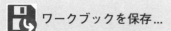 **ワークブックを保存...**

メニュー：[ファイル(F)]-[ワークブックを保存...]　　ホットキー：[Ctrl]+[Shift]+[S]

設定したシミュレーションの条件や表示する信号などは，[名前をつけて保存...]の操作

で「ワークブック」ファイルとして保存できます．

● **SPICEネットリストの表示**

SPICE ネットリストを表示... アイコン位置：
メニュー：[シミュレーション(S)]-[SPICE ネットリストを表示…]

KiCadは回路図中のシンボルのSPICEモデル設定，シミュレーションの設定などを基に，SPICEのネットリストを生成し，これを実行します．[SPICEネットリストを表示]で，シミュレーションに使用したSPICEのネットリストを表示します．

14 — シンボルとフットプリントの関連付け

● **フットプリントの割り当ての実行**

フットプリントを割り当て... アイコン位置：
メニュー：[ツール(T)]-[フットプリントを割り当て…]

回路図のシンボルと基板のフットプリントを対応づけます（具体例は第1部 第3章を参照のこと）．

● **関連付けの自動実行**

フットプリントの関連付けファイル(.equ)を設定することで，関連付けの自動実行を行えます．

▶フットプリントの関連付けファイル(.equ)の書式

.equファイルはテキスト・ファイルです．以下の例のように，対応するシンボル名とフットプリント名をシングルクォートで囲んで記載します．シンボル名とフットプリント名の間にはスペースを挿入します．

```
'R' 'Resistor_SMD:R_0201_0603Metric'
'C' 'Capacitor_SMD:C_0201_0603Metric'
```

ファイルに設定があるシンボルは[フットプリントの関連付けを自動実行]を行うと，設定されたフットプリントに関連付けが行われます．

▶自動実行の設定

「フットプリントを割り当て」ダイアログから，[設定(P)]-[フットプリント関連付けファイルを管理...]を選択して開くダイアログで関連付けファイル(.equ)を追加すると，equファイルの設定に従ってシンボルにフットプリントを関連付けます．

15 ── 「PCBエディター」とのデータ連携

回路図の作成が完了したら，回路図エディターのデータをPCBエディターに反映して，基板作成の作業に移ります．なお，「14 ── シンボルとフットプリントの関連付け」の作業が完了している必要があります．

● 回路図から基板を更新

回路図から基板を更新...
メニュー：[ツール(T)]-[回路図から基板を更新...]
アイコン位置：
ホットキー：F8

PCBエディターを起動して，回路図エディターのデータを取り込みます．

PCBエディターに切り替え
メニュー：[ツール(T)]-[PCBエディターに切り替え]
アイコン位置：

データの反映などを行わず，単純にPCBエディターを起動します．

● 基板から回路図を更新

基板から回路図を更新...
メニュー：[ツール(T)]-[基板から回路図を更新...]

PCBエディターで行った変更を回路図エディターに取り込みます．PCBエディターで再アノテーションを実行したり，フットプリントを変更したりした場合には，基板から回路図へ反映を行う必要があります．

16 ── 部品表とネットリストの作成

回路図のデータから部品表やネットリストを生成します．

● 部品表を出力する

 部品表を生成…　　　　　　　　　　　　　　　　　アイコン位置：

メニュー：［ツール（T）］-［部品表を生成…］

csvやhtmlのファイルとして部品表を出力できます（具体例は第1部 第6章を参照）．

古い形式の部品表を作成…

メニュー：［ツール（T）］-［古い形式の部品表を作成…］

Pythonのプラグインを使って部品表を生成する，KiCad 8.0以前からある部品表出力の機能です．発注用の部品表のように固有の形式の出力を行うプラグインが提供されている場合は，こちらを使用します．

● 部品表の生成プラグインは自作も可能

部品表の生成プラグインやネットリストの生成プラグインは，Pythonのスクリプトで自作できます．

KiCadで生成する部品表やネットリストは，内部で保持している「中間ネットリスト」のxmlファイルをプラグインで変換を行って出力しています．中間ネットリストには，回路図エディターで作成した回路図の情報が含まれています．これを入力として，カスタマイズした部品表を生成するプラグインを作成することが可能です．

中間ネットリストのxmlのサンプルは，次に示すマニュアルに挙げられています．

> https://docs.kicad.org/8.0/en/eeschema/eeschema.html#custom-netlist-and-bom-formats

17 ── シンボルの一括編集

表形式でシンボルの値を編集したり，ライブラリが破損した場合のシンボルの差し替えなど，シンボルをまとめて操作するのに便利な機能があります．

● シンボルの一括差し替え

 シンボル ライブラリへのリンクを編集…
メニュー：[ツール(T)]-[シンボル ライブラリへのリンクを編集…]

回路図上にあるシンボルを別のシンボルに差し替えることができます．ライブラリを入れ替えるような場合に，一括で置き換えるのに便利な機能です．図21の[新しい参照ライブラリ]の欄に，差し替えるシンボルの名前を指定します．欄右端のアイコンをクリックすると，「シンボル ライブラリ ブラウザー」から対話的に選択できます．ピンの位置が変わっても配線は追従しないので，端子の位置が異なる場合は，それぞれ修正を行う必要があります．

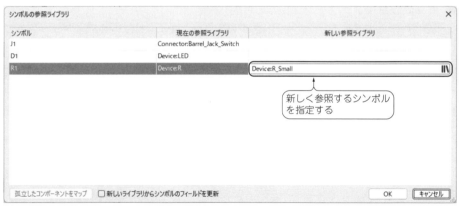
図21　シンボル ライブラリ リンクの編集

● シンボルのフィールドの値を元に戻す

ライブラリからシンボルを更新...
メニュー：[ツール(T)]-[ライブラリからシンボルを更新...]

ライブラリの初期値をシンボルに再設定します．「シンボルを変更...」と似た機能で，同一のシンボルに変更するのと同様の結果になります．

● フィールドの値の表形式編集

シンボル フィールドを編集...　　　　　　　　　　　　　アイコン位置：
メニュー：[ツール(T)]-[シンボル フィールドを編集...]

図22のように，表形式で回路図上にあるシンボルのフィールドの値を編集できます．

図22　シンボル フィールドの編集

● 破損したライブラリのシンボルの復旧

シンボルをレスキュー ...
メニュー：[ツール(T)]-[シンボルをレスキュー ...]

ライブラリが置き換わってシンボルが変更された場合，回路図に予期せぬ変更が発生す

17―シンボルの一括編集　221

る可能性があります．[シンボルをレスキュー …]は，キャッシュ・ファイルに残っているシンボルをライブラリに書き出して「救出」し，作業中の回路図が壊れるのを防ぐ機能です（図23）．

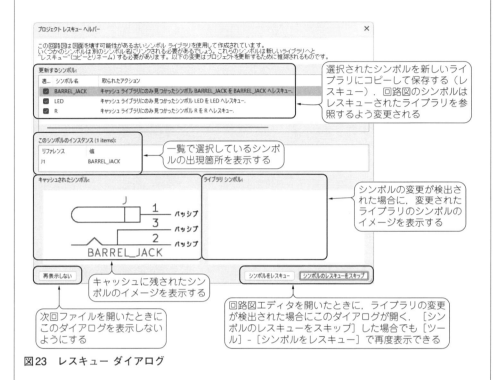

図23　レスキュー ダイアログ

第2部 プリント基板設計 KiCad 機能全集

第3章

基板設計「PCB エディター」機能全集

1 ── 配線パターン設計機能の全体像

● 全体の画面構成

　PCBエディターの画面は**図1**(pp.224-225)のようになっています．画面上，左，右にツールバー，下部にステータス・バーがあります．印刷，編集，表示の基本操作や表示の切り替えなどは，回路図エディターとほぼ共通の操作になっています．右のツールバーのいくつかのアイコンには，右下に三角の切り欠きが表示されています．これらのアイコンは長押しすると，左に複数のアイコンが展開されます．

● レイヤーを切り替えて配線を見やすくする「外観マネージャー」

　画面の右側にある「外観マネージャー」パネルは，レイヤーや配線の表示を設定します (**図2**，pp.226-227)．様々な要素が配置される基板のデータの表示を細かく切り替えて，注目している編集対象を見やすく表示することができます．

　表示設定にしたレイヤーがPCBエディターの画面に表示され，編集が可能になります．外観マネージャーでクリックして選択したレイヤーが編集対象となり，前面に表示されます．各レイヤーのチェック・ボックスで表示/非表示を切り替えることができます．

2 ── メニュー全体の構成

　メニューバーの構成を**表1**(pp.228-234)に示します．

2—メニュー全体の構成 　223

図1　PCBエディターの画面構成

第3章──基板設計「PCBエディター」機能全集

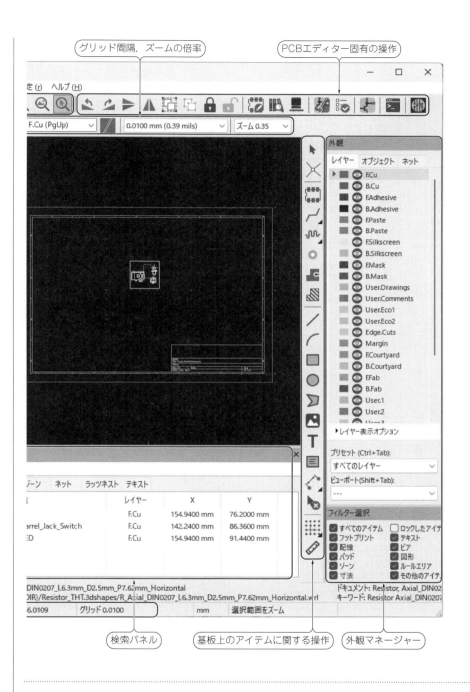

2— メニュー全体の構成 225

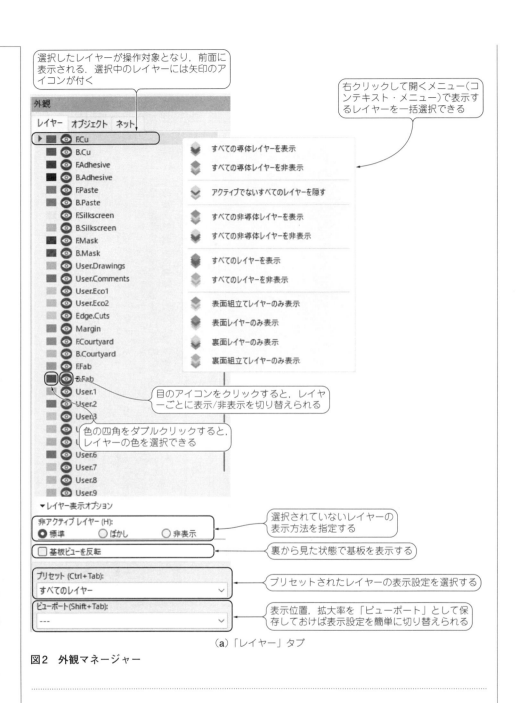

(a)「レイヤー」タブ

図2 外観マネージャー

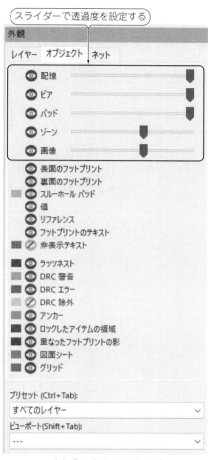

(b)「オブジェクト」タブ

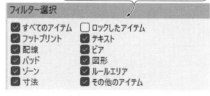

(d) フィルター選択

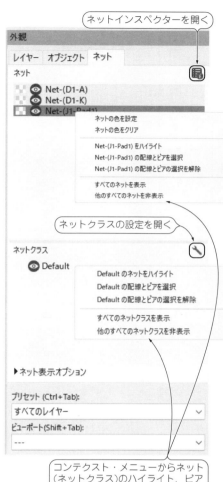

(c)「ネット」タブ

2—メニュー全体の構成

表1 PCBエディター画面のメニュー構成

[メニューバー] - [プルダウン・メニュー]			説明
ファイル	基板を追加...		KiCad基板ファイル（拡張子.kicad_pcb）を追加する
	保存 　　　　Ctrl+S		編集中の基板データを保存する
	コピーを保存...		現在編集している基板データを別名のファイルとして保存する
	変更を破棄		未保存の変更を破棄して，ファイルに保存されていた状態に戻す
	レスキュー (u)		自動保存されたファイルからデータの復旧を試みる
	インポート　　>	ネットリスト...	ネットリストを読み込んで結線情報を更新する
		Specctra セッション...	Specctra セッション形式の自動配線データを読み込んで反映する
		グラフィックス...　　Ctrl+Shift+F	DXF, SVGの線画のデータをインポートする
		KiCad以外の基板ファイル...	EagleやAltiumなど，サポートしているほかのCADツールのデータを読み込む
	エクスポート　　>	Specctra DSN...	Specctra DSN形式のファイル（自動配線ツールで使う）を出力する
		GenCAD...	GenCAD形式のファイルを出力する
		VRML...	VRML形式の3Dデータ・ファイルを出力する
		IDFv3...	IDFファイル（基板データの交換形式）を出力する
		STEP...	STEP形式の3Dデータ・ファイルを出力する
		SVG...	SVG形式で基板のイメージを出力する
		フットプリント関連付け (.cmp) ファイル...	回路図エディターにフットプリントの関連付けを反映するための.cmpファイルを作成する
		Hyperlynx...	Hyperlynx形式の解析用データを出力する
		フットプリントをライブラリにエクスポート...	使っているシンボルをライブラリにまとめて保存する
		フットプリントを新しいライブラリにエクスポート...	使っているシンボルを新しいライブラリにまとめて保存する．データを受け渡すときに便利

228　第3章 —— 基板設計「PCBエディター」機能全集

［メニューバー］-［プルダウン・メニュー］		説明
ファイル	製造用出力 ＞ 　.gbr　ガーバー (.gbr)... 　.drl　ドリル ファイル (.drl)... 　.xml　IPC-2581 ファイル (.xml)... 　.pos　部品配置ファイル(.pos, .gbr)... 　.rpt　フットプリント レポート (.rpt)... 　.356　IPC-D-356形式ネットリスト ファイル... 　.bom　部品表...	製造用の各ファイルを出力する
	基板の設定...	デザイン・ルールや配線の既定値など，基板の設定を行う
	ページ設定...	基板データ(配線図) を印刷する際の，用紙サイズや図枠，図枠に設定するタイトル・ブロックの設定を行う
	印刷...　　　　　　Ctrl+P	現在表示している基板データ(配線図)を印刷する
	プロット...	基板データ(配線図) をベクタ形式の画像として出力する(HPGL形式で出力したファイルはプロッタでの印刷に使える)
	閉じる	PCB エディターを閉じる
編集	元に戻す フットプリントを配置 やり直し	(これらの機能は一般的なアプリケーションと同様)
	切り取り　　　　　Ctrl+X コピー　　　　　　Ctrl+C 貼り付け　　　　　Ctrl+V	
	特殊な貼り付け...	貼り付け実行時に，貼り付けるシンボルのリファレンス指定子の採番方法を指定する
	削除　　　　　　　削除	
	すべて選択　　　　Ctrl+A すべて選択解除　　Ctrl+Shift+A	(これらの機能は一般的なアプリケーションと同様)
	検索　　　　　　　Ctrl+F	

第2部　プリント基板設計KiCad機能全集

2―メニュー全体の構成　　229

表1 PCBエディター画面のメニュー構成(つづき)

[メニューバー] - [プルダウン・メニュー]			説明
編集		配線とビアのプロパティを編集...	基板中の配線の設定を一括で行う
	T	テキストと図形のプロパティを編集...	基板中のすべてのテキストの書体をまとめて設定できる
		ティアドロップを編集...	配線のティアドロップの形状を設定する
	✕	フットプリントを変更...	回路図中のシンボルを別のシンボルに差し替える
		レイヤーを入れ替え...	レイヤーの入れ替えを行う
		グリッド原点...	グリッド原点を設定する
		すべてのゾーンを塗りつぶし　　　　　　　B	ゾーンの塗りつぶしを実行する
		すべてのゾーンの塗りつぶしを削除　　Ctrl+B	ゾーンの塗りつぶしを削除する
		全ての調整パターンを更新	配線長の調整を行ったパターンを更新する
		インタラクティブ削除ツール	クリックした対象を削除する
		広域削除...	条件指定で基板全体から削除を行う
表示		フットプリント ライブラリ ブラウザー	フットプリント ライブラリ ブラウザを表示する. このブラウザでシンボルを選択して回路図に配置することもできる
		3D ビューアー　　　　　　　　　　　Alt+3	基板の3Dイメージを表示する
	⊕	ズーム イン	拡大表示する
	⊖	ズーム アウト	縮小表示する
		合わせてズーム　　　　　　　　　　ホーム	基板データのサイズに合わせてズームする
		オブジェクトに合わせてズーム　　Ctrl+ホーム	選択したオブジェクトに合わせてズームする
		選択範囲をズーム　　　　　　　　Ctrl+F5	選択した範囲に合わせてズームする
		更新　　　　　　　　　　　　　　　　F5	―

230　第3章── 基板設計「PCBエディター」機能全集

		[メニューバー] - [プルダウン・メニュー]		説明
表示	描画モード (D) >	✓ ゾーンを塗りつぶしで描画 ゾーンを外形線で描画		ゾーンの表示形式を切り替える
		パッドをスケッチ表示 ビアをスケッチ表示 配線をスケッチ表示　　　　K		
		図形アイテムをスケッチ表示 テキスト アイテムをスケッチ表示		線画で表示するスケッチ表示を行う
	コントラスト表示モード (C) >	非アクティブ レイヤー表示モード		非アクティブ レイヤーの表示 / 非表示を切り替える
		レイヤーの不透明度を下げる　　{ レイヤーの不透明度を上げる　　}		レイヤーの透明度を調整する
	基板ビューを反転			基板ビューを反転する
	プロパティ マネージャーを表示 検索パネルを表示　　　　　　　Ctrl+G ✓ 外観マネージャーを表示			各パネルの表示 / 非表示を切り替える
配置	フットプリントを追加	A		フットプリントを個別に追加する
	ビアを追加	Ctrl+Shift+V		独立したビアを配置する
	塗りつぶしゾーンを追加	Ctrl+Shift+Z		塗りつぶしを配置する
	ルールエリアを追加	Ctrl+Shift+K		配置の制限を行うルールエリアを配置する
	マイクロ波用の形状を追加 >	マイクロ波ラインを追加 マイクロ波用のギャップを追加 マイクロ波用のスタブを追加 マイクロ波用の円弧スタブを追加 マイクロ波用のポリゴンを追加		高周波回路で使う各種パターンを作成する
	線を描く	Ctrl+Shift+L		基板に図形を追加する. 描画した図形のコンテキスト・メニューから [プロパティ ...] を選択するとスタイルが設定できる
	円弧を描く	Ctrl+Shift+A		
	矩形を描く			
	円を描く	Ctrl+Shift+C		
	ポリゴンを描く	Ctrl+Shift+P		

2— メニュー全体の構成　231

表1 PCBエディター画面のメニュー構成（つづき）

	［メニューバー］ - ［プルダウン・メニュー］			説明
	📷 参照画像を追加			基板データに参照画像として画像データを貼り付ける
	T テキストを追加　　　　　　Ctrl+Shift+T			基板に文字を追加する（注釈などに使える）．マークアップ記述で3種類の文字装飾（上線，上付き文字，下付き文字）が可能．［テキスト ボックスを追加］では複数行の文字列を書き込める
	📋 テキスト ボックスを追加			
配置	⟋ 寸法線を追加　>	⟋ 寸法線を追加　　　　Ctrl+Shift+H		寸法線や中心マーク，引き出し線を追加する
		⟋ 直交寸法線を追加		
		✦ 中心マークを追加		
		✦ 放射状寸法線を追加		
		⟍Ⓝ 引出線を追加		
	基板の特性の表を追加			基板に関する情報を基板に埋め込む
	スタックアップの表を追加			
	⬆ ドリル/配置ファイルの原点			ドリル・ファイルと部品配置ファイルで使う原点を設定
	ドリル原点をリセット			ドリル・ファイルと部品配置ファイルで使う原点をリセット
	⠿ グリッド原点			グリッド原点を設定
	グリッド原点をリセット			グリッド原点をリセット
	🔧 フットプリントを自動配置　>	基板外にあるフットプリントを配置		簡易的な自動配置を行う
		選択したフットプリントを配置		
配線	◆ レイヤー ペアをセット...			回路図のエラー・チェックを行う
	⟋ 単線を配線　　　　　　　X			配線を行う
	⟋ 差動ペアの配線　　　　　6			差動ペアの配線
	⩙ 単線の長さを調整　　　　7			配線長の調整をインタラクティブに行う
	⩙ 差動ペア配線の長さを調整　8			
	⩙ 差動ペアの遅延を調整　　9			
	✖ インタラクティブ ルーターの設定...　Ctrl+<			配線機能の挙動を設定

	[メニューバー] - [プルダウン・メニュー]		説明
検査	ネット インスペクター		ネットの詳細を表示
	基板の統計を表示		統計情報を表示
	計測ツール	Ctrl+Shift+M	2点間の距離を測る
	デザインルール チェッカー		回路図のエラー・チェックを行う
	前のマーカー		
	次のマーカー		
	マーカーを除外		
	クリアランスの解決		クリアランスに問題があれば詳細を表示
	制約の解決		制約に問題があれば詳細を表示
	フットプリントの関連付けを表示		フットプリントの関連付け情報表示
	ライブラリとフットプリントを比較		シンボルに行った変更を元データと比較して表示する
ツール	回路図から基板を更新...	F8	回路図エディターのデータを取り込む（データを反映する）
	回路図エディターに切り替え		データの反映などを行わず，単純に回路図エディターを起動する
	プロジェクト マネージャー に切り替え		プロジェクト マネージャーを起動する
	フットプリント エディター		フットプリント エディターを起動する
	ライブラリからフットプリントを更新...		基板のフットプリントをライブラリのデータで更新する．PCBエディターで行った変更を元に戻すためにも使える
	配線とビアをクリーンアップ...		重複している配線などを削除する
	未使用のパッドを削除...		未使用のパッドのパターンを削除する
	グラフィックスをクリーンアップ...		描画オブジェクトを整理統合する
	基板を修復		基板の修復を試みる
	位置に基づいて再アノテーション...		部品位置に合わせて部品番号を振り直す

第2部　プリント基板設計 KiCad 機能全集

2— メニュー全体の構成　233

表1　PCBエディター画面のメニュー構成(つづき)

[メニューバー] - [プルダウン・メニュー]			説明
ツール	基板から回路図を更新...		PCBエディターで行ったデータ変更を回路図エディターのデータに反映する
	スクリプト コンソール		Pythonのコンソールを表示
	外部プラグイン　＞	プラグインを更新	登録したPythonプラグインを実行する
		プラグイン ディレクトリを開く	プラグイン・ファイルのフォルダを開く
設定	パスを設定...		(KiCadプロジェクト マネージャーの設定メニューと同じ)
	フットプリント ライブラリを管理...		
	設定...　　Ctrl+,		
	言語設定　　＞		

※ヘルプのメニューは各ツールで共通なので省略

3 ── 「回路図エディター」とのデータ連携

● 回路図エディターで行った回路図の変更を基板に反映

回路図から基板を更新...
メニュー：[ツール(T)]-[回路図から基板を更新...]　　　アイコン位置：
　　　　　　　　　　　　　　　　　　　　　　　　　　ホットキー：F8

回路図エディターのデータをPCBエディターに反映します．

　[リファレンス指定に基づいて回路図のシンボルとフットプリントを再リンク]のオプションは，通常は内部IDに基づいて対応づけられているシンボルとフットプリントを，リファレンス指定子を基準に対応付けて反映したいときに指定します．

● PCBエディターで行った基板の変更を回路図に反映

基板から回路図を更新...
メニュー：[ツール(T)]-[基板から回路図を更新...]

　PCBエディターで行った変更を回路図に反映します．再アノテーションを行った場合や，手動で部品のリファレンス指定子を変更した場合に実行する必要があります．

4 ── 部品フットプリントの配置

フットプリントを基板上の任意の位置に配置(移動)します．移動などの基本操作はビア，配線のアイテムに対しても同様の操作が行えます．

● 配置の基本操作

フットプリントを配置するための基本的な操作で，フットプリントの移動，回転，反転を行います．

 移動

メニュー：対象を右クリック-[移動]　　　　　　　　　　　　　　ホットキー：[M]

マウス操作で任意の位置にフットプリントを移動できます．

マウス・カーソルがフットプリントの上にある状態で[移動]を実行すると，フットプリントの原点をつかんでフットプリントを移動します．それに対し，パッドの部分を選択して[移動]を実行すると，パッドの原点(中心)をつかんでフットプリントを移動します．場合によって使い分けると便利です．頻繁に行う操作なので，ホットキー([M])で操作すると効率的です．

 ドラッグ (45度モード)

メニュー：配線を右クリック-[ドラッグ(45度モード)]　　　　　　ホットキー：[D]

接続されている配線を引きのばしながらフットプリントの移動を行います．似た操作に[移動]があります．移動の場合，選択したフットプリントのみが移動します．

 左回転

メニュー：対象を右クリック-[左回転]　　　　　　　　　　　　　ホットキー：[R]

フットプリントを反時計回りで90°回転させます．

 右回転

メニュー：対象を右クリック-[右回転]　　　　　　　　　　ホットキー：[Shift]+[R]

フットプリントを時計回りで90°回転させます．

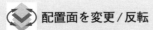 配置面を変更/反転

メニュー：対象を右クリック-[配置面の変更/反転]　　　　　ホットキー：F

フットプリントを反転して基板の裏面に配置します．

● 正確な移動

数値を指定した移動など，正確にフットプリントの位置を決めるのに便利な操作です．

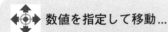 数値を指定して移動...

メニュー：対象を右クリック-[位置決めツール]-[数値を指定して移動...]

ホットキー：Shift+M

フットプリントの現在位置から移動させる距離を指定します．X軸は右がプラス，Y軸は下がプラスの方向になります．（図3）．

参照点を指定して移動

メニュー：対象を右クリック-[位置決めツール]-[参照点を指定して移動]

参照点を指定して，参照点の移動と並行に移動を行います．メニューを選択するとPCBエディター中にメッセージが出るので，それに従って操作します．

移動量がほかのフットプリント同士の位置関係で決まって，それに合わせて移動するような場合に便利です．

相対位置...

メニュー：対象を右クリック-[位置決めツール]-[相対位置...]

ホットキー：Shift+P

原点や基板上のアイテムからの相対位置を指定してフットプリントを配置します．原点はローカル原点またはグリッド原点が使用できます（「20―座標系や単位系の変更」を参照）．

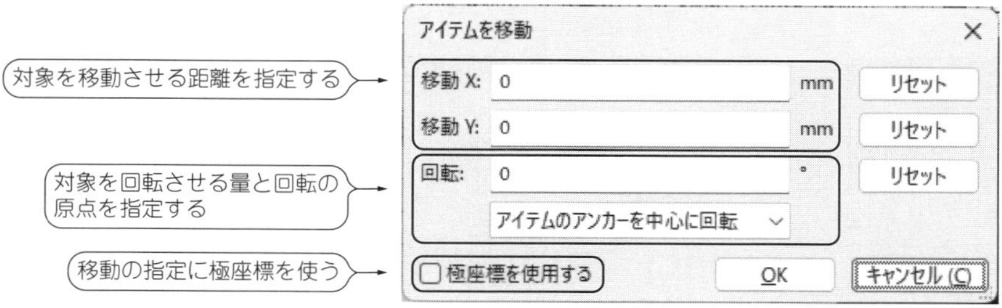

- 対象を移動させる距離を指定する
- 対象を回転させる量と回転の原点を指定する
- 移動の指定に極座標を使う

図3 数値を指定して移動

● フットプリントの追加

フットプリントを新たに基板に追加します．

フットプリントの追加

メニュー：[配置(P)]-[フットプリントを追加]

アイコン位置：

ホットキー：[A]

基板に部品（フットプリント）を追加できます．

PCBエディターで部品を追加した場合には，[ツール(T)]-[基板から回路図を更新…]の機能を使うなどして，回路図のデータと齟齬がないようにしておく必要があります．

● フットプリントを並べた配列の作成

配列を作成…

メニュー：対象を右クリック-[選択対象から作成]-[配列を作成…]

ホットキー：[Ctrl]+[T]

選択したフットプリントやビアを複製して一定の間隔で並べ，配列を作ります．グリッド状の配列（図4）と円状の配列が指定できます．

この機能で複製されたフットプリントはシンボルと関連付けられていないため，[ツール(T)]-[回路図から基板を更新…]を行ったときに削除されないよう注意が必要です．

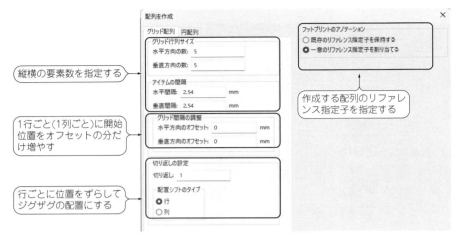

図4 配列を作成(グリッド配列)

5 ── 配置したフットプリントのプロパティの設定

　フットプリントのプロパティを設定します．フットプリントは，PCBエディターに配置したときにライブラリのデータのコピーが作られ，それぞれ独立して変更できます．

　フットプリント，およびパッドのプロパティの詳細についてはフットプリントエディターでのプロパティの項目と同じなので，ここでは割愛します．

● フットプリントの状態を元に戻す

 ライブラリからフットプリントを更新…
メニュー：[ツール(T)]-[ライブラリからフットプリントを更新…]
　　　　　または，対象を右クリック-[フットプリントを更新…]

　フットプリントの状態を，参照しているライブラリのデータで更新します(ライブラリの状態に戻す)．

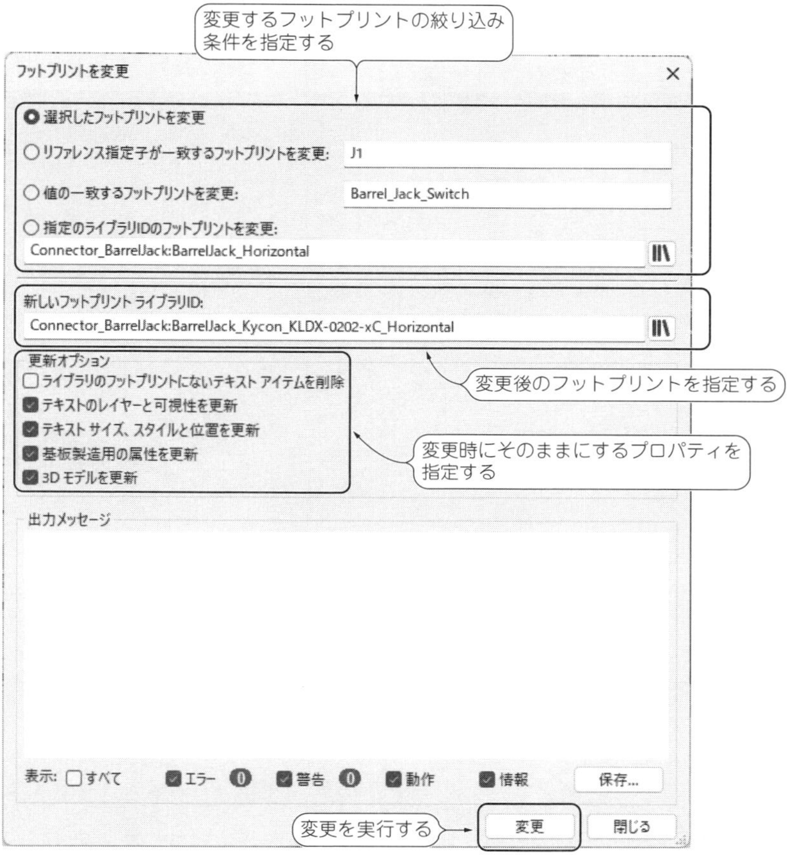

変更するフットプリントの絞り込み
条件を指定する

フットプリントを変更 ✕

● 選択したフットプリントを変更

○ リファレンス指定子が一致するフットプリントを変更: J1

○ 値の一致するフットプリントを変更: Barrel_Jack_Switch

○ 指定のライブラリIDのフットプリントを変更:
Connector_BarrelJack:BarrelJack_Horizontal

新しいフットプリント ライブラリID:
Connector_BarrelJack:BarrelJack_Kycon_KLDX-0202-xC_Horizontal

更新オプション
☐ ライブラリのフットプリントにないテキスト アイテムを削除
☑ テキストのレイヤーと可視性を更新
☑ テキスト サイズ、スタイルと位置を更新
☑ 基板製造用の属性を更新
☑ 3D モデルを更新

変更後のフットプリントを指定する

変更時にそのままにするプロパティを
指定する

出力メッセージ

表示: ☐すべて ☑エラー ⓪ ☑警告 ⓪ ☑動作 ☑情報   保存...

変更を実行する   変更   閉じる

図5 フットプリントを変更

⤫ フットプリントを変更…

メニュー:[編集(E)]-[フットプリントを変更…]
または,対象を右クリック-[フットプリントを変更…]

　フットプリントを一括で差し替えます.図5のダイアログで,変更対象と差し替えるフ
ットプリントを指定します.

● フットプリントを個別に調整する

 フットプリント エディターで開く

メニュー：対象を右クリック-[フットプリント エディターで開く]

ホットキー：Ctrl+E

フットプリントを個別に修正します．

6 — 配線パターンの作成

● 配線する

端子間をつなぐ配線のパターンを作成します．

単線を配線

メニュー：[配線(u)]-[単線を配線]

アイコン位置：

ホットキー：X

配線を開始します．

 完了

メニュー：配線中に右クリック-[完了]

ホットキー：End

配線中の配線を現在の状態で確定して，配線を終了します．ダブルクリックでも実行可能です．

配線の姿勢を変更

メニュー：配線中に右クリック-[配線の姿勢を変更]

ホットキー：/

配線の曲がり方を時計回りの順で折り曲げるか，逆時計回りに折り曲げるかを切り替えます．

 直線/曲線を切り替え

メニュー：配線中に右クリック-[直線/曲線を切り替え]

ホットキー：Ctrl+/

角の部分の曲げ方を90°，45°，曲線で切り替えます．

7 ── 各種ビアの配置

● 貫通ビアの配置

基板の表と裏を導通させる穴をビア(via)と言います．配線中にビアを配置することで，配線を基板の裏側へ通すことができます．

貫通ビアを配置

メニュー：配線中に右クリック-[貫通ビアを配置]　　　　　　　　ホットキー：[V]

貫通ビア(「普通の」ビア)を配置します．ビアを配置すると，選択しているレイヤーの裏側の導体層(F.CuからB.Cu)に操作の対象が切り替わり，継続して配線の操作が行えます．頻繁に使う操作なので，ホットキー([V])を使用すると便利です．

レイヤーを指定してスルーホールを配置

メニュー：配線中に右クリック-[レイヤーを指定してスルーホールを配置]
　　　　　　　　　　　　　　　　　　　　　　　　　　　ホットキー：[<]

多層基板において，レイヤーを指定してスルーホールを配置する際に使います．

● 内層をつなぐビアの配置

多層基板では，全ての層が導通する貫通ビア(普通のビア)に加えて，表層と内層をつなぐブラインド・ビアと，内層と内層をつなぐベリード・ビアを配線に使うことができます．

ブラインド/ベリード ビアを配置

メニュー：配線中に右クリック-[配線の姿勢を選択]-[ブラインド/ベリード ビアを配置]　　　　　　　　　　　　　　　　　　　　ホットキー：[Alt]+[Ctrl]+[V]

レイヤーを指定してブラインド/ベリード ビアを配置

メニュー：配線中に右クリック-[レイヤーを指定してブラインド/ベリード ビアを配置]　　　　　　　　　　　　　　　　　　　　　　　　ホットキー：[Alt]+[<]

多層基板で使うブラインド/ベリード・ビアを配置します．

ブラインド/ベリード・ビアを配置する際に，**図6**のダイアログが表示されるので，接続先のレイヤーを選択します．

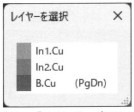

図6 ブラインド・ビアの
レイヤー選択

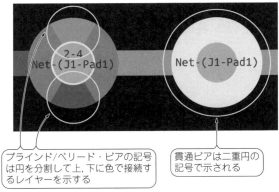

ブラインド/ベリード・ビアの記号は円を分割して上,下に色で接続するレイヤーを示する

貫通ビアは二重円の記号で示される

図7　多層基板でのビアの表示

　PCBエディター上でブラインド/ベリード・ビアは,ビアを示す円をX字に分割した形で表され,レイヤーの色で接続関係を示しています(**図7**).ブラインド/ベリード・ビアのビア・サイズとビア・ドリル径は,ネットクラスの通常のビアの設定と同じ値が使われます.

● 高密度化が可能なマイクロビアの配置

 マイクロビアを配置

メニュー：配線中に右クリック-[配線の姿勢を選択]-[マイクロビアを配置]

ホットキー：Ctrl+V

 レイヤーを指定してマイクロビアを配置

メニュー：配線中に右クリック-[レイヤーを指定してマイクロビアを配置]

　マイクロビアはレーザー穿孔などの加工によって作られ,高密度の実装ができます.

　マイクロビアのビア・サイズとビア・ドリル径は,ネットクラスの[uViaサイズ]/[uViaドリル]の値で指定します.

8 — 細かい配線やビアの設定

● 配線やビアの設定を部分的に変更する

 カスタム値を使用...

メニュー：配線中に右クリック-[配線/ビア幅を選択]-[カスタム値を使用...]

　配線幅の設定はネットクラスの指定に従う場合が多いですが，部分的な変更などは個別に設定できます．

● 配線機能の挙動を設定

 インタラクティブ ルーターの設定

メニュー：[配線(u)]-[インタラクティブ ルーター設定...]
　　　　または，配線中に右クリック-[インタラクティブ ルーターの設定]
　　　　　　　　　　　　　　　　　　　　　　　　ホットキー：Ctrl + Shift + ,

　配線時の挙動を設定します．「衝突箇所をハイライト表示」や「押しのけ」のモードを選択することで，効率的に配線できます．「押しのけ」を使う場合には，目の細かいグリッドを使うのが効果的です．

9 — ベタ・グラウンド(塗りつぶし)の作成

● 導体レイヤーでの塗りつぶし

　導体レイヤーに塗りつぶしを作ると，塗りつぶしを行ったところの銅はくが残ります．この機能を使って，基板外周部のノイズ対策に使われるベタ・グラウンドのパターンを作ることができます．

塗りつぶしゾーンを追加　　　　　　　　　　　　アイコン位置：

メニュー：[配置(P)]-[塗りつぶしゾーンを追加]　ホットキー：Ctrl + Shift + Z

　図8のダイアログで塗りつぶしゾーンのプロパティを設定し，マウスのクリックでゾーンの範囲を指定します．
　なお，サーマル・リリーフとは，ベタ・グラウンドとグラウンド端子のパッドが隣接す

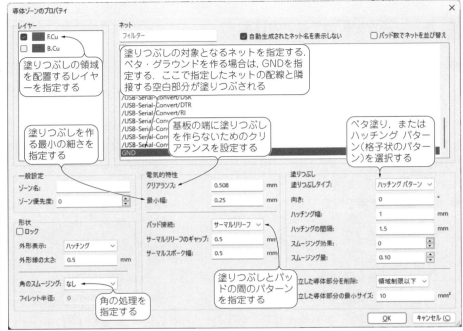

(a) 設定ダイアログ

項目	説明
なし	角をそのままにする
面取り	角の部分を直線的に削った形にする．[面取り長さ]で角を落とす深さを調整できる
フィレット	角の部分を円形に丸める．[フィレット半径]で曲がり方を調整できる

(b)「角のスムージング」の選択肢

項目	説明
実線	接続されているパッドと直接接続する
サーマルリリーフ	サーマル・リリーフをパッドの周りに作る
PTHのみリリーフ	スルー・ホールのところだけサーマル・リリーフを作る
なし	塗りつぶし領域とパッドを接続しない

(c)「パッド接続」の選択肢

図8　ベタ・グラウンドの設定…導体ゾーンのプロパティ

る場合に，塗りつぶし領域とパッドを細いスポークで接続するものです（**図9**）．サーマル・リリーフを作ることにより，パッドをはんだ付けする際に熱が逃げにくくなります．

ゾーンをマージ

メニュー：ゾーンを右クリック-[ゾーン]-[ゾーンをマージ]

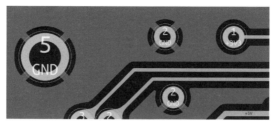

図9　サーマル・リリーフの例

レイヤー上にゾーンを複製…

メニュー：ゾーンを右クリック-[ゾーン]-[レイヤー上にゾーンを複製…]

同一の形状のゾーンを別のレイヤーに複製します．両面にベタ・グラウンドを作成するような場合に便利です．

ゾーンの切り抜きを追加

メニュー：ゾーンを右クリック-[ゾーン]-[ゾーンの切り抜きを追加]

ホットキー：[Shift]+[C]

塗りつぶしのゾーンに[ゾーンの切り抜きを追加]を作ると，塗りつぶしの一部を塗らない(塗りつぶしに穴をあける)ことができます．

同様のゾーンを追加

メニュー：ゾーンを右クリック-[ゾーン]-[同様のゾーンを追加]

ホットキー：[Ctrl]+[Shift]+[.]

同じ設定でゾーンを作成します．

すべてのゾーンを塗りつぶし

メニュー：[編集(E)]-[すべてのゾーンの塗りつぶし]　　　　ホットキー：[B]

ゾーンの形状に合わせて塗りつぶしを実行します．導体層であれば，塗りつぶしが行われたところの銅はくが残るようになります．

塗りつぶしゾーン内に違うネットの配線があれば，それと短絡しないように塗りつぶしが行われます．

ゾーンの塗りつぶしは，塗りつぶし実行の時点で描かれていた配線に対して行われます．塗りつぶしを実行した後に配線を変更すると，塗りつぶしたパターンと配線がショートする場合があります．配線を変更した後には，ゾーンの塗りつぶしを再度実行して，塗りつぶしを更新します．

なお，[デザインルール チェッカー]の実行時にもゾーンの塗りつぶしが再実行されるので，配線を変更したらこまめに[デザインルール チェッカー]を実行するのも有効です．

すべてのゾーンの塗りつぶしを削除
メニュー：[編集(E)]-[すべてのゾーンの塗りつぶしを削除]　ホットキー：Ctrl + B

塗りつぶしを削除します．

● **導体レイヤー以外での塗りつぶし**

非導体レイヤーで塗りつぶしを行った場合，導体レイヤーの場合よりも項目の少ないダイアログが表示されます．非導体レイヤー特有の項目はなく，内容としては同様です．

● **ベタ・グラウンドのビアうちなどに使うビア・スティッチング**

[ビアを追加]の操作で，配線のない場所にもビアを配置することができます．ビアを追加するには，以下のような操作を行います．

ビアを追加
メニュー：[配置(P)]-[ビアを追加]　　アイコン位置：　　ホットキー：Ctrl + Shift + V

ベタ・グラウンドとなっているところにビアを置くことで，両面のGNDパターンを接続することができます．これをビア・スティッチングといいます．インピーダンスを下げ，リターン・パスを短くする効果があります．

塗りつぶし面が大きい場合は，[配列を作成]の操作で，グリッド状に効率的にビアを置くことができます(「4―部品フットプリントの配置：配列の作成」を参照)．

● **塗りつぶし禁止エリアの設定**

[ルールエリア]を配置して，塗りつぶし禁止の領域を設定することができます．またルールエリアは，カスタムルールの設定と組み合わせて，複雑な条件のデザインルールを設定するためにも使われます．

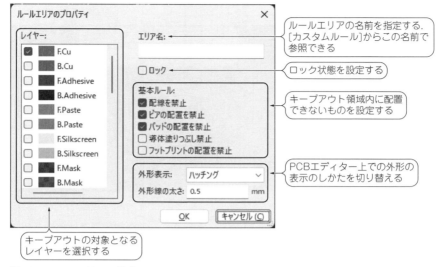

図10 ルールエリアの設定

ルールエリアを追加

メニュー：[配置(P)]-[ルールエリアを追加]　　　　ホットキー：[Ctrl]+[Shift]+[K]

ルールエリアを作成します．図10のダイアログの設定で，塗りつぶし以外にも，配線やビアの配置を禁止することもできます．

10 —— 差動ペアの配線

USBなどの高速シリアル通信で使われる差動伝送の信号には，差動ペアの機能を使って配線します．

● 差動ペアの配線を行う

通常の配線に使う[単線]ではなく[差動ペア]を選択すると，差動ペアの配線を行えます．

差動ペアの配線
メニュー：[配線(u)]-[差動ペア(D)]　　　　　　　　　　　　　　ホットキー：[B]

[差動ペアの配線]では，図11に示すようにペアの一方の端子からも同時に配線が行わ

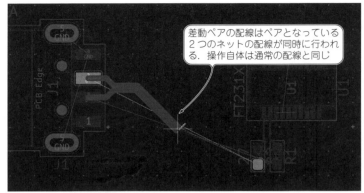

図11 差動ペアの配線を行う

れます(2本の配線が同時に伸びていく). 差動ペアの配線の幅, ペアの間隔はネットクラスでの設定が反映されます.

● 配線長, 遅延/位相を調整する

> **差動ペア配線の配線長の調整**
> メニュー：[配線(u)]-[差動ペアの配線長の調整(L)]　　ホットキー：Alt + 8

> **差動ペアの遅延/位相の調整**
> メニュー：[配線(u)]-[差動ペアの遅延/位相の調整(S)]　ホットキー：Alt + 9

> **配線長の調整**
> メニュー：[配線(u)]-[配線長の調整(T)]　　ホットキー：Alt + 7

配線した差動ペア(「配線長の調整」の場合は単線)の調整を行います. コマンドを選択するとカーソルの形状が変わるので, 配線の調整する箇所をクリックして調整を開始します.

> **間隔を広げる**
> メニュー：差動ペア調整中に右クリック-[間隔を広げる]　　ホットキー：1

図12 配線長設定ダイアログ

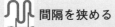 **間隔を狭める**

メニュー：差動ペア調整中に右クリック-[間隔を狭める]　　　　ホットキー：[2]

振幅を大きく

メニュー：差動ペア調整中に右クリック-[振幅を大きく]　　　　ホットキー：[3]

振幅を小さく

メニュー：差動ペア調整中に右クリック-[振幅を小さく]　　　　ホットキー：[4]

配線長の調整設定…

メニュー：差動ペア調整中に右クリック-[配線長の調整設定…]

　差動ペアの調整中のコンテキスト・メニューから[配線長の調節設定…]を選択すると図12のダイアログが表示されます．このダイアログで調整後の差動ペア配線の長さを[ターゲット長]の欄に入力します．

　蛇行部の振幅や間隔は右クリックで表示されるコンテキスト・メニュー，もしくはホットキー[1]，[2]，[3]，[4]で変更できます．

11 ── マイクロ波用の形状パターンの作成

　高周波回路に使うスタブなどの特殊な形状を作成します．形状はそれぞれフットプリントとして作成されます．

● マイクロ波用の形状を追加

 マイクロ波用ラインを追加   アイコン位置：

メニュー：[配置(P)]-[マイクロ波用の形状を作成]-[マイクロ波用ラインを追加]

指定した長さとなるように蛇行した配線のパターンを作成します．

 マイクロ波用のギャップを追加   アイコン位置：

メニュー：[配置(P)]-[マイクロ波用の形状を作成]-[マイクロ波用のギャップを追加]

指定された長さのギャップのパターンを作成します．

 マイクロ波用のスタブを追加   アイコン位置：

メニュー：[配置(P)]-[マイクロ波用の形状を作成]-[マイクロ波用のスタブを追加]

指定された長さのスタブのパターンを作成します．

マイクロ波用の円弧スタブを追加   アイコン位置：

メニュー：[配置(P)]-[マイクロ波用の形状を作成]-[マイクロ波用の円弧スタブを追加]

指定されたサイズの円弧スタブのパターンを作成します．

マイクロ波用のポリゴンを追加   アイコン位置：

メニュー：[配置(P)]-[マイクロ波用の形状を作成]-[マイクロ波用のポリゴンを追加]

形状定義ファイルで定義された多角形のパターンを作成します．

標準：形状定義ファイルで定義された多角形をそのまま作成します．
ミラー：形状定義ファイル定義された多角形と，それをX軸で反転したパターンを合わせたパターンを作成します．
対称：形状定義ファイルで定義された多角形をX軸で反転したパターンを作成します．

12 —— 文字/図形の描画

描画機能で，各レイヤーに文字や図形を書き込むことができます．図形描画の基板に対する影響は，それぞれのレイヤーの役割(**表2**)によって違います．

表2　レイヤーごとの図形描画の役割

レイヤー名	詳細
Edge.Cuts	基板の形状を決める外形線を描画する
F.SilkS, B.SilkS	シルクスクリーンで印刷する説明用の文字，図形を描く
F.CrtYd, B.CrtYd	部品を実装したときに，部品が占有する領域を示す図形を描画する．DRCでのチェックに使われ，部品が同じ箇所に置かれて実装できないデータとならないかどうかをチェックできる
F.Mask, B.Mask	F.Mask，B.Maskはレイヤーに描画されていない箇所にソルダ・レジスト（ハンダが乗らない緑の絶縁保護膜）を作る（描画されている箇所の銅はく面を露出させる）．パッドの形状に合わせて自動的に作られるので，明示的に描画する場合は少ない
F.Paste, B.Paste	表面実装のときに，はんだペーストを塗る領域を示す．はんだペーストを塗布するためのメタル・マスクの元になるレイヤーで，ここに描画されている箇所を穿孔したメタル・マスクを作る．マスク同様にフットプリントのパッドに合わせてデータが書き込まれるので，明示的に描画する場合は少ない
F.Cu, B.Cu（導体レイヤー）	描画した箇所の銅はくを残す．描画の操作を導体層に対して行うとレイヤーが強制的に切り替わってしまうので，他のレイヤーで描画してから，[プロパティ...] - [レイヤー]の設定を導体層に設定し直すことで，導体層に描画できる
F.Fab, B.Fab	ユーザ用のレイヤー・基板の製造には反映しない．注釈のような用途に使う

テキストを追加

メニュー：[配置(P)] - [テキストを追加]　　ホットキー：[Ctrl] + [Shift] + [T]

テキストを追加します．アイテムに合わせてプロパティを設定します（図13）．

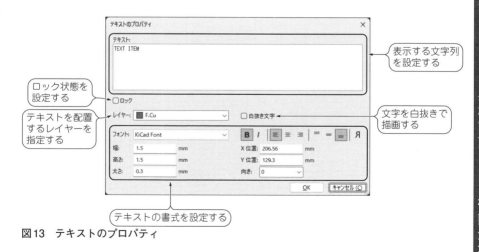

図13　テキストのプロパティ

12—文字/図形の描画

≡ テキスト ボックスを追加   アイコン位置:

メニュー：[配置(P)]-[テキストボックスを追加]

枠付きでテキストを追加します．

／ 線を描く   アイコン位置:

メニュー：[配置(P)]-[線を描く]   ホットキー：Ctrl + Shift + L

⌒ 円弧を描く   アイコン位置:

メニュー：[配置(P)]-[円弧を描く]   ホットキー：Ctrl + Shift + A

■ 矩形を描く   アイコン位置:

メニュー：[配置(P)]-[矩形を描く]   ホットキー：Ctrl + Shift + R

● 円を描く   アイコン位置:

メニュー：[配置(P)]-[円を描く]   ホットキー：Ctrl + Shift + C

⬠ ポリゴンを描く   アイコン位置:

メニュー：[配置(P)]-[ポリゴンを描く]   ホットキー：Ctrl + Shift + P

それぞれの図形の描画を行います．描画アイテムのプロパティはコンテキスト・メニュー（**図14**）から設定できます．

図14　描画アイテムのプロパティの例（円弧のプロパティ）

参照画像を追加

メニュー：[配置(P)]-[参照画像を追加]

描画や配線補助のための背景画像を配置できます．

13 ── 寸法線の描画

図形の一種として，寸法線などを基板に描画することができます．

 寸法線を追加　　　　　　　　　　　　　　　　　　　アイコン位置：

メニュー：[配置(P)]-[寸法線を追加]-[寸法線を追加]

ホットキー：Ctrl + Shift + H

対象の寸法を図示する寸法線を追加します．図15に寸法線のプロパティを示します．

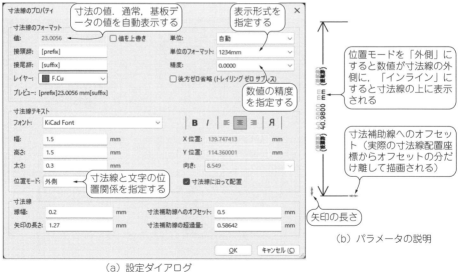

(a) 設定ダイアログ

(b) パラメータの説明

図15　寸法線のプロパティ

13─寸法線の描画

直交寸法線を追加

アイコン位置:

メニュー：[配置(P)]-[寸法線を追加]-[直交寸法線を追加]

直交寸法線は，図面のX，Y軸方向に制約されること以外は寸法線と同じです．

中心マークを追加

アイコン位置:

メニュー：[配置(P)]-[寸法線を追加]-[中心マークを追加]

中心を示す十字の中心マークを追加します．

引出線を追加

アイコン位置:

メニュー：[配置(P)]-[寸法線を追加]-[引出線を追加]

図に注釈を付ける引出線を追加します．図16に引出線のプロパティを示します．

(a) 設定ダイアログ

(b) パラメータの説明

図16　引出線のプロパティ

第3章——基板設計「PCBエディター」機能全集

14 — 座標原点の設定

 ドリル/配置ファイルの原点

メニュー：[配置(P)]-[ドリル/配置ファイルの原点]

ガーバ・データやドリル・ファイルで使われる補助座標の原点を設定します．

マークを置いたところがガーバ・データやドリル・ファイルの原点となります．基板外形の左下の隅に設定する場合が多いです．

ドリル原点をリセット

メニュー：[配置(P)]-[ドリル原点をリセット]

ドリル原点を初期位置に戻します．

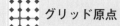

メニュー：[配置(P)]-[グリッド原点]

[グリッド原点]で，クリックした任意の場所にグリッドの原点を置くことができます．この設定は[グリッド設定]のダイアログの[グリッド原点]の設定に反映されます．

初期状態では絶対座標の原点に設定されています．

グリッド原点をリセット

メニュー：[配置(P)]-[グリッド原点をリセット]

グリッド原点を初期位置に戻します．

15 — 基板の製造仕様の設定

 基板の設定...　　　　　　　　　　　　　　　アイコン位置：

メニュー：[ファイル(F)]-[基板の設定(B)...]

基板の製造工程で製造可能な配線の太さやビアの穴の径など，基板の製造仕様を設定します．デザイン・ルールを設定すると製造仕様に合わないデータにならないようにデータ入力時にチェックが行われます．以下，設定項目について説明します．

● 基板レイヤー関係の設定

▶基板編集レイヤー

作成する基板にあわせて使用するレイヤーを指定します．両面基板や4層基板など，よく使う構成はリストから選択可能になっています．4層基板以上の場合は［導体レイヤー］の数を変更します．内層の導体レイヤーはIn1.Cu，In2.Cu，…と番号が振られます．KiCadでは最大で32層の基板を作成することができます．レイヤーはそれぞれ製造工程で必要な役割を持っています．詳細を**表3**に示します．

▶物理的スタックアップ

基板の層数や基材の材質など，物理的な構造の設定を行います（**図17**）．

▶基板仕上げ

製造時の基板の仕上げ加工について設定を行います．

表3　レイヤーの種類と役割

レイヤー名	詳細
F.Cu，B.Cu	基板表面と裏面の銅はく面（Cupper）である．配線のパターンが作られる層になる
In1.Cu，In2.Cu，…	多層基板の内層レイヤーである．F.Cu，B.Cuと同様に，パターンが作られる導体の層．F.Cu，B.Cuと合わせて，最大で32層まで使用できる
F.Mask，B.Mask	ソルダ・レジスト（緑の絶縁保護膜）をマスクする箇所を指定するレイヤー．このレイヤーで描画されているところはソルダ・レジストが作られない（＝はんだ付けができる）箇所になるフットプリントからデータが作られるので，PCBエディターで編集することはあまり多くない
F.SilkS，B.SilkS	シルク印刷のレイヤー．部品番号のような説明書きの文字，記号を書き込む．
F.Paste，B.Paste	はんだペースト（クリームはんだ）を塗る領域のレイヤー．メタル・マスクの元となるデータ．フットプリントから自動的にデータが作られるので，基板エディターで編集することはあまり多くない
F.Adhes，B.Adhes	基板の実装工程で裏面の部品が落ちないように接着剤（Adhesive）を塗る箇所を指定するレイヤー．滅多に使わない
F.CrtYd，B.CrtYd	部品が置かれるサイズ（Court-Yard）を示すレイヤー．DRCで部品が重複して配置できないものをチェックするために使われる．PCBエディターでレイヤーを編集することはほとんどなく，おもにフットプリントのデータで編集を行う
Edge.Cuts	基板の外形線のレイヤー．この線の形に切り出される
Margin	現状では明確な使用目的のないレイヤーで，ほぼ使われていない．昔は基板切り出し時に必要なマージンを示す目的で定義されていた
F.Fab，B.Fab	製造時の指示のコメントを記入するレイヤー．注釈などを記入する
Eco1.User，Eco2.User，Cmts.User，Dwgs.User	ユーザーが自由に使えるレイヤー

▶ハンダマスク/ペースト

パッド周りのソルダ・レジストのクリアランス，はんだペーストを塗布する領域を設定します．それぞれの値は図18のように反映されます．この設定は基板全体で適用されるベースとなる値です．フットプリントの設定やパッドの設定がある場合は，そちらが優先されます．

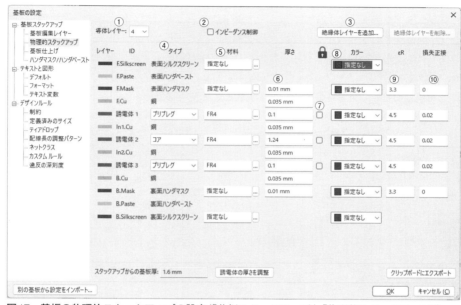

図17　基板の物理的スタックアップの設定(「基板スタックアップ」-「物理的スタックアップ」)

図18　ハンダマスク/ペーストの設定対象

[ハンダ ペーストのクリアランス]の長さの分だけフットプリントの「外側」にペーストはんだが塗られる．通常はマイナスを指定して，フットプリントのサイズよりも塗る領域を小さく設定する．フットプリントの領域に[ハンダマスクの拡張]の長さを加えた領域の外側に，ソルダ・レジストが作られる．

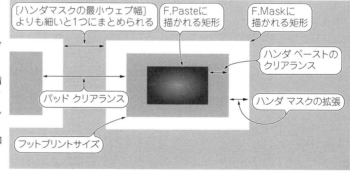

15—基板の製造仕様の設定　257

● テキスト／図形の設定

▶デフォルト

各種レイヤーで描画を行うときの線の太さと文字の書体を設定します．

▶フォーマット

線のスタイルを破線や点線にした場合の，長さと間隔を設定します．

▶テキスト変数

テキスト・アイテムの文字列には，テキスト変数による置換が使えます．`$||`で括られた文字列はテキスト変数として置換されます．

テキスト変数の設定はプロジェクト内共通で，回路図エディターの[回路図の設定]-[プロジェクト]-[テキスト変数]でも参照できます．また，ここで定義したテキスト変数のほか，図枠で使用している変数もテキスト変数として使用可能です．

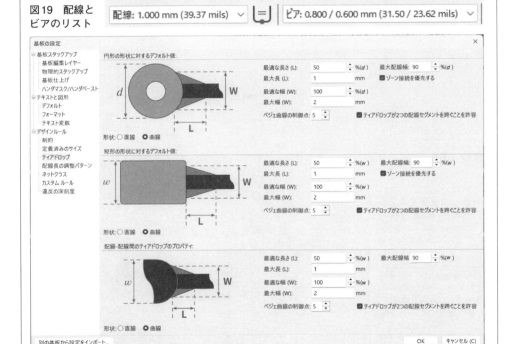

図19 配線とビアのリスト

図20 ティアドロップのデフォルト値の設定(「デザインルール」-「ティアドロップ」)

● デザイン・ルールの設定
▶制約
　基板製造サービスの製造基準書で指定されている最小の配線幅などを設定します．この設定に違反するパターンがあると，DRCを実行したときにエラーとして検出されます．
▶定義済みサイズ
　「配線」と「ビア」の項目に値を設定すると，PCBエディターのツールバーの下に，配線幅とビアの選択項目として表示されます(**図19**)．
▶ティアドロップ
　ティアドロップのデフォルト値の設定を行います(**図20**)．
▶配線長の調整パターン
　配線長の調整のデフォルト値を設定します(**図21**)．

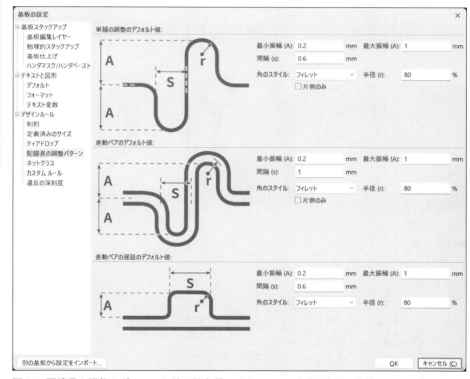

図21　配線長の調整のデフォルト値の設定(「デザインルール」-「配線長の調整パターン」)

15—基板の製造仕様の設定

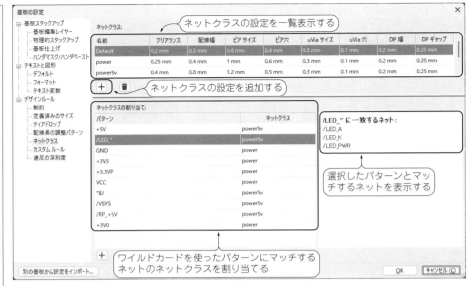

図22　ネットクラスの設定(「デザインルール」-「ネットクラス」)

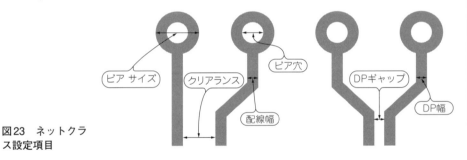

図23　ネットクラス設定項目

▶ネットクラス

配線のプリセット設定となるネットクラスの定義と個々のネットへの設定割り当てを行います(**図22**).

ネットクラスは少なくともDefaultの項目を設定する必要があります.信号線や電源線のように複数の太さのパターンが必要な場合には,設定を追加します.

各設定項目は**図23**で示す箇所です.

▶カスタムルール

DRCで検査するカスタム・ルールを追加できます.

▶違反の深刻度

DRCでエラーとする違反の種別を設定します．

設計として問題ないがDRCでエラーが検出されるようなケースでは，この設定でエラーや警告を抑止することができます．

16 — 基板データのルール・チェック「DRC」

● デザイン ルール チェッカー (DRC)

作成した基板のエラー・チェックを，デザイン ルール チェッカー (DRC)で行います．

> デザイン ルール チェッカー　　　　　　　　　　　アイコン位置：
> メニュー：[検査(I)]-[デザインルール チェッカー]

ダイアログで設定を行って，DRCを実行します．それぞれのエラーの取り扱いは，[基板の設定]の[違反の深刻度]の項目で設定します．

▶DRCの注意点

部品の配置や配線を行うときには，デザイン ルールに違反する箇所に配置や配線を行えないようになっている(オンラインDRCとも呼ばれる)ので，ここでエラーが検出されるケースは少ないはずです．

デザイン ルールの変更を行った場合や，配線中のチェックが行われない操作となる塗りつぶし，キープアウトの変更，フットプリントのドラッグを行った場合は注意が必要です．このような操作を行った後には，手動でDRCを行うようにします．

● クリアランスや制約への違反チェック

[検査]のメニューには，基板をチェックするための機能がまとめられています．

DRCでチェックしているクリアランスや制約のチェックを対象を絞って個別にチェックする機能や，基板や/ネットの統計情報を表示する機能があります．

 クリアランスの解決...

メニュー：[検査(I)]-[クリアランスの解決...]

選択した2つのアイテムの間でクリアランスに関する違反がないかをチェックします．PCBエディターでチェックする2つのアイテムを選択した状態で,以下の操作を行います．

DRCよりも詳細な情報が表示されるので，どのような制約が適用されているかを確認

するのに便利です．アイテムを選択するときは[Shift]キーを押しながら選択すると，カーソルの箇所にあるパッドや配線のみを選択できます．クリアランスのチェックを行いたい2つのアイテムを選択し，[クリアランスの解決]を実行すると，ダイアログにチェック結果が表示されます．

 制約の解決...

メニュー：ツール(T)→制約の解決...

選択したアイテムが制約に違反していないかどうかをチェックします．PCBエディターでアイテムを1つ選択した状態で，以下の操作を行います．

DRCよりも詳細な情報が得られます．制約のチェックを行うアイテムを1つ選択して[制約の解決]を実行すると，レポート画面が表示されます．

 フットプリントの関連付けを表示

メニュー：[検査(I)]-[フットプリントの関連付けを表示]

選択されたフットプリントとPCBエディター上のシンボルとの対応関係，ライブラリとの対応を表示します．

 ライブラリとフットプリントを比較

メニュー：[検査(I)]-[ライブラリとフットプリントを比較]

選択したフットプリントと，元データであるライブラリとの差分を表示します．

● 統計情報の表示

基板の統計を表示

メニュー：[検査(I)]-[基板の統計を表示]

基板のサイズ，パッドやビアの数などの情報を表示します．

 ネットインスペクター

メニュー：[検査(I)]-[ネットインスペクター]

基板にあるネットの一覧を表示します．ネットごとの配線の長さや，ビアの数などの統計情報を表示します．

● **2点間の距離/角度の測定**

計測ツール
メニュー：[検査(I)]-[計測ツール]
アイコン位置：
ホットキー：[Ctrl]+[Shift]+[M]

基板上の2点間の距離，角度を測ることができます．期待通りの位置にフットプリントが置かれているかを確認するのに便利です．

17 ── 配線がほぼできたタイミングの整理機能

● **配線のクリーンアップ**

配線の修正を繰り返すと，分岐したパターンの重複など冗長なデータが発生することがあります．クリーンアップの機能で，このような無駄なデータを削除することができます．

配線とビアをクリーンアップ...
メニュー：[ツール(T)]-[配線とビアをクリーンアップ...]

重複した配線や，パッドに埋もれている配線，異なるネットをショートしている配線を削除します．

未使用のパッドを削除...
メニュー：[ツール(T)]-[未使用のパッドを削除...]

配線が接続されていないレイヤーの不要なパッドを削除します．

● **グラフィックスのクリーンアップ**

グラフィックスをクリーンアップ...
メニュー：[ツール(T)]-[グラフィックスをクリーンアップ...]

重複した図形を削除したり，矩形の四辺を成している直線を矩形にまとめます．

● 部品の位置の順に番号の振りなおし

R??→R42 位置に基づいて再アノテーション…
メニュー：[ツール(T)]-[位置に基づいて再アノテーション…]

基板に配置した部品の位置を基準にして，リファレンス指定子を設定しなおします．

KiCadの作業の流れでは，回路図エディターでアノテーションを行ってから，PCBエディターで部品をレイアウトするので，基板上では順序良く番号が並んでいません．[位置に基づいて再アノテーション]を行うことで，基板上での配置の順にリファレンス指定子の番号を振りなおすことができます．これにより，部品の実装の作業を行うときに部品の場所から番号を追いかけやすくなります．

18 — 実装イメージの3D表示

PCBエディターでは設計した基板の実装イメージを3Dモデルとして表示，出力することができます．製造イメージを事前に確認したり，出力されたデータを3D CADツールに取り込んで筐体のデザイン・データと連携することが可能です．

● 3Dモデルを表示する

3Dビューアー
メニュー：[表示(V)]-[3Dビューアー]　　　　　　　　ホットキー：[Alt]+[3]

基板の3Dモデルを表示するには，少なくとも外形線を設定して基板の形が決まっている必要があります．フットプリントに3Dモデルのデータが設定されていれば，部品を実装した3Dモデルが表示されます．

19 ── フットプリントの一括編集

フットプリントなどをまとめて変更するときに便利な機能があります．

● 特定の種類のアイテムだけを選択

 選択アイテムをフィルター ...

メニュー：複数アイテムを選択した状態で右クリック-[選択]-[選択アイテムをフィルター ...]

選択中のアイテムのうち，特定の種類のアイテムだけを選択します．

複数のアイテムを選択した状態でコンテキスト・メニューを開いて，「フィルター選択」のダイアログで選択するアイテムの種別を指定します．配線のみを削除したい場合などに使います．

● プロパティの一括変更

 配線とビアのプロパティを編集...

メニュー：[編集(E)]-[配線とビアのプロパティを編集...]

配線の太さとビアのサイズを一括で編集します．図24(a)のダイアログで，設定の対象とする配線の条件，変更後の配線とビアの設定を指定します．図24(b)は配線とビアのプロパティ設定に関する説明です．

ネットクラスが設定されていないものはDefaultを適用します．

ネットクラスが設定されているものについては変更されません．

(a) 設定ダイアログ

番号	名称	説明
①	スコープ：配線	操作の対象に配線を含める
②	スコープ：ビア数	操作の対象にビアを含める
③	ネットでフィルター	右のリストで選択したネットのみを対象とする
④	ネットクラスでフィルター	右のリストで選択したネットクラスのみを対象とする
⑤	レイヤーでフィルター	右のリストで選択したレイヤーにあるものを対象とする
⑥	選択項目のみ	回路図中で選択したアイテムのみを対象にする
⑦	アクション：指定された値に設定	フィルター条件で絞り込んだ操作対象に，リストで指定した設定を適用する
⑧	アクション：ネットクラス/カスタムルールの値に設定	フィルター条件で絞り込んだ操作対象にネットクラスの値を設定する．ネットクラスが設定されていないものはDefaultを適用する．ネットクラスが設定されているものについては変更されない

(b) プロパティの詳細

図24　配線とビアのプロパティを設定

第3章 —— 基板設計「PCBエディター」機能全集

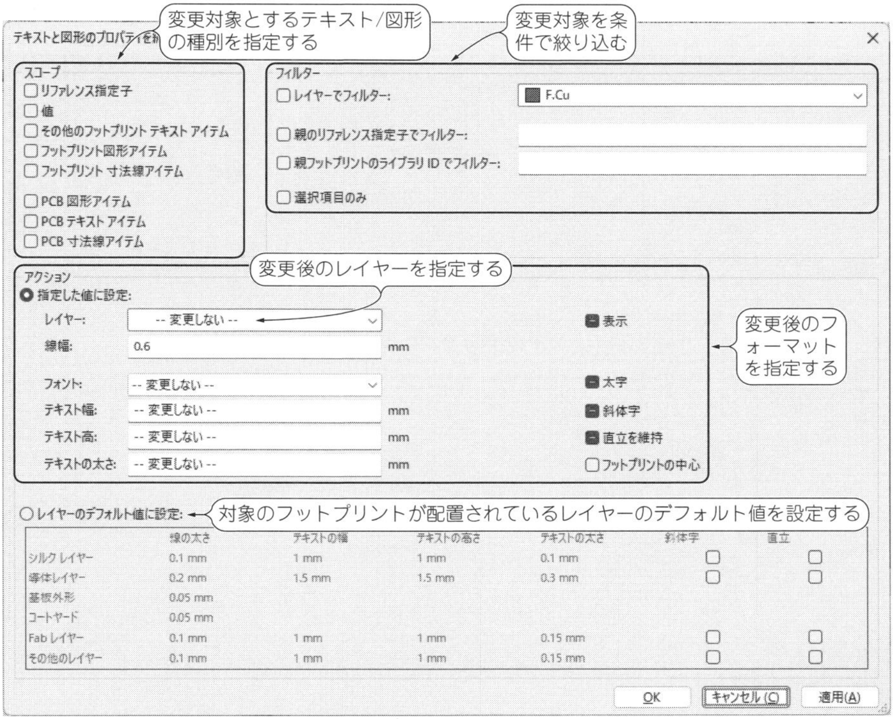

図25 テキストと図形のプロパティ編集ダイアログ

▮ テキストと図形のプロパティを編集…

メニュー：[編集(E)]-[テキストと図形のプロパティを編集…]

基板中の図形の線の太さ，文字の書式を一括で変更します．

図25のダイアログで，対象となるテキスト／図形の条件と，変更後の線幅，書体を指定します．

 ティアドロップを編集…

メニュー：[編集(E)]-[ティアドロップを編集…]

ティアドロップ(パッドと配線を滑らかに接続するパターン)を作成します．

長さ・幅のパラメータを指定してティアドロップの形状を作成し，基板上のパターンを

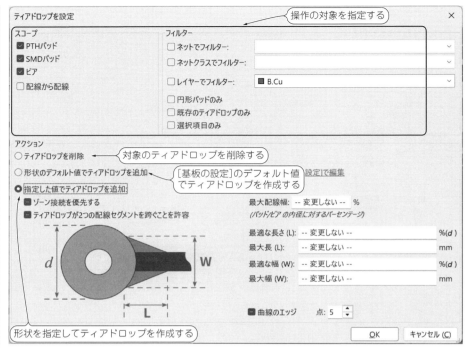

図26 ティアドロップを編集する

変更します(**図26**). [基板の設定]の[デザインルール]-[ティアドロップ]の項目で設定したデフォルト値を使うことも, このダイアログで形状を指定することもできます.

● 広域削除

基板全体から指定した種類のアイテムを削除します.

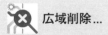

広域削除...

メニュー:[編集(E)]-[広域削除...]

対象の種別を指定して, 基板上から削除します.

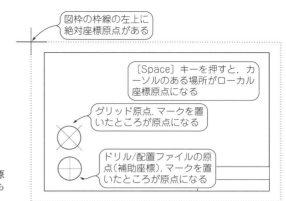

図27 PCBエディターの座標系
グリッド原点とドリル/配置ファイルの原点については,「14–座標原点の設定」も参照のこと.

20 —— 座標系や単位系の変更

ローカル座標系の設定や,単位系の切り替え表示の設定ができます.

絶対座標原点は図枠の枠線の左上に置かれています(**図27**).PCBエディター画面(**図1**)下部のステータス・バーの領域に,絶対座標系での位置X,Yが表示されます.

一方,ローカル座標は任意の位置に原点を設定できます.PCBエディター画面下部のステータス・バーの領域に,ローカル座標系での位置dx,dyが表示されます.フットプリントの移動の操作(対象を右クリック-[位置決めツール]-[相対位置...][数値を指定して移動])で,相対位置の起点として使えます.簡単な距離の測定に使うことも可能です.

● ローカル座標系の原点を設定する

ローカル座標をリセット　　　　　　　　　　　　　　　　　　　ホットキー:[Space]

原点にしたい位置にカーソルを合わせて[Space]キーを押すことで,カーソルがある位置をローカル座標の原点として設定します.

● 座標系と単位系を切り替える

 極座標　　　　　　　　　　　　　　　　　　　　　　　　　　アイコン位置:

座標系を直交座標(直交するX軸とY軸とで表現する座標)から極座標(原点からの距離と角度で表現する座標)に切り替えます.

in inch	アイコン位置：	

mil mil	アイコン位置：	

mm mm	アイコン位置：	

使用する単位をinch, mil, mm から選択します.

基板の設計では,配線幅はインチ表記が一般的ですが,ドリル径はmmが標準であるなど,混在するケースも多いので,その都度必要に応じて切り替えます.デザイン・ルールのダイアログなど,各種ダイアログの項目もこの設定を反映して,それぞれの単位系での設定を行います.なお,ダイアログ表示中は単位系を切り替える操作は行えないので,いったんダイアログを抜けて設定する必要があります.

21 ── 表の埋め込み

基板の特性の表やスタックアップの表を,特殊な図形として基板データに追加できます.

基板の特性の表を追加
メニュー：[配置(P)]-[基板の特性の表を追加]

スタックアップの表を追加
メニュー：[配置(P)]-[スタックアップの表を追加]

「基板の特性の表」は,基板のレイヤー数や,基板の寸法,仕上げの指定など,[基板の設定]で設定したパラメータが表示されます.

「スタックアップの表」には各レイヤーの情報がまとめられています.

いずれも文字と線から作られている複合的な図形で,基板に配置することができます.

270　第3章──基板設計「PCBエディター」機能全集

22 — Pythonスクリプトによる操作の自動化

PCBエディターではプログラミング言語のPythonを使った操作の自動化，プラグインを作成して機能の追加を行うことができます．

● 対話的にスクリプトを実行する

 スクリプト コンソール　　　　　　　　　　　　　　　アイコン位置：

メニュー：[ツール(T)]-[スクリプト コンソール]

直接Pythonのプログラムを入力して，対話的に実行することができます．スクリプトコンソールで実行できる簡単なプログラムを以下に示します．

```
from pcbnew import *
SaveBoard('D:¥hogehoge.kicad_pcb',GetBoard() )
```

これをコンソールで実行すると，現在編集中の基板データをD:¥hogehoge.kicad_pcbに保存します．

● プラグインを実行する

▶プラグイン検索対象のフォルダ

Linuxでは，

`/usr/share/kicad/scripting/plugins/`,

`~/.kicad/scripting/plugins`,

`~/.kicad_plugins/`,

が，Windowsでは，

`%KICAD_INSTALL_PATH%/share/kicad/scripting/plugins`

`%APPDATA%/Roaming/kicad/scripting/plugins`

がプラグインの検索対象のフォルダとなります．

%KICAD_INSTALL_PATH%はKiCadのインストール先(デフォルトではC:¥ProgramFiles¥KiCad)，%APPDATA%はWindowsの環境変数に設定されている値に従います．

これらのフォルダにある.pyファイルのうち，フットプリント・ウィザード，アクション・プラグインの仕様に従って書かれたプログラムがプラグインとして読み込まれます．

23 — PCBエディターの設定

 設定...

メニュー：[設定(r)]-[設定...]　　　　　　　　　　　　　　　ホットキー：[Ctrl]+[,]

KiCadの各ツールの設定を行います．このメニューは，各ツールから呼び出せます(第2部第1章の「7 — 各ツールの設定機能」を参照)．ここでは，PCBエディターの設定項目に絞って説明します．

● 共通の項目（設定はツールごとに行う）

「表示オプション」，「グリッド」，「カラー」の主要な項目は，回路図エディターの設定項目と同様です(第2部第1章の「7 — 各ツールの設定機能」を参照)．ただし，設定対象はツールごとに異なります．

● PCBエディターの独自の設定項目

▶表示オプション

　ネット名の表示や，クリアランスの領域の表示などについて設定を行います．

▶原点と座標軸

　ステータス・バーの座標表示の原点や，座標の正の向きを選択します．

▶編集オプション

　配置の際の吸着の動作や，ラッツネストの表示を設定します．

▶アクション プラグイン

　インストールしたPythonのプラグインの一覧を表示します．

第4章

「ガーバー ビューアー」の機能

1 ── 全体の構成

「ガーバー ビューアー」はPCBエディターと似た画面の構成です(**図1**).操作も共通する箇所があります.

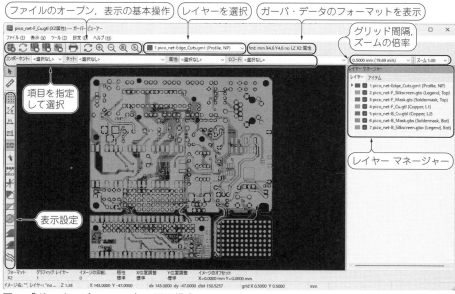

図1 「ガーバー ビューアー」の画面構成

2 ── ファイルの操作

● 各種ファイルを開く

ガーバー ビューアーで表示できる各種ファイルを開きます．

 自動検出されたファイルを開く...　　　　　アイコン位置：

メニュー：[ファイル(F)]-[自動検出されたファイルを開く...]

対応する拡張子を持つファイルを選択して表示します．

 ガーバー プロット ファイルを開く...　　　　アイコン位置：

メニュー：[ファイル(F)]-[ガーバー プロット ファイルを開く...]

対応する拡張子を持つファイルを選択して表示します．

 最近開いたガーバー ファイルを開く

メニュー：[ファイル(F)]-[最近開いたガーバー ファイルを開く]

直近で使用したガーバー ファイルをメニューに表示します．

 Excellon ドリル ファイルを開く...　　　　アイコン位置：

メニュー：[ファイル(F)]-[Excellon ドリル ファイルを開く...]

対応する拡張子を持つファイルを選択して表示します．

 最近開いたドリル ファイルを開く

メニュー：[ファイル(F)]-[最近開いたドリル ファイルを開く]

直近で使用したドリル ファイルをメニューに表示します．

 ガーバー ジョブ ファイルを開く...

メニュー：[ファイル(F)]-[ガーバー ジョブ ファイルを開く...]

ガーバー ジョブ ファイルに列挙されているガーバー プロット ファイルをガーバー ジョブ ファイルで指定されているレイヤーの用途にあわせて読み込みます．

ガーバー ジョブ ファイルがある場合は，個別にファイルを開くよりもこちらを指定する方が便利です．

最近開いたジョブ ファイルを開く

メニュー：［ファイル(F)］-［最近開いたジョブ ファイルを開く］

直近で使用したジョブ ファイルをメニューに表示します．

 Zipアーカイブ ファイルを開く ...

メニュー：［ファイル(F)］-［Zipアーカイブ ファイルを開く ...］

Zipファイルに含まれるガーバー ファイルをすべて開きます．

 最近開いたZip ファイルを開く

メニュー：［ファイル(F)］-［最近開いたZip ファイルを開く］

直近で使用したZipファイルをメニューに表示します．

● レイヤーのリロードとクリア

 すべてのレイヤーをクリア　　　　　　　　アイコン位置：

メニュー：［ファイル(F)］-［すべてのレイヤーをクリア］

読み込んだガーバー ファイルのデータを破棄して，起動時の何も読み込まれていない状態にします．

 すべてのレイヤーをリロード　　　　　　　アイコン位置：

メニュー：［ファイル(F)］-［すべてのレイヤーをリロード］

ファイルの再読み込みを行います．

● エクスポート

 PCBエディターへエクスポート ...

メニュー：［ファイル(F)］-［PCBエディターへエクスポート ...］

読み込んだガーバ・データからPCBエディターで扱える基板データをエクスポートします．

部品の情報などはガーバ・データには含まれていないため，不完全なものになります．

図2のダイアログで，ガーバ・データをエクスポートする先のレイヤーを指定します．

2—ファイルの操作

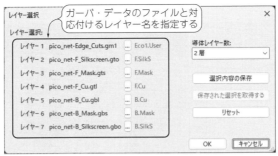

図2 エクスポートするレイヤーの指定

3 — 表示の設定

● 座標系の設定

 極座標 アイコン位置：

メニュー：[表示(V)]-[極座標]

　座標系を直交座標(直交するX軸とY軸とで表現する座標)から極座標(原点からの距離と角度で表現する座標)に切り替えます．

● ガーバー ビューアーの表示設定

 フラッシュ アイテムをスケッチ モードで表示 アイコン位置：

メニュー：[表示(V)]-[フラッシュ アイテムをスケッチ モードで表示]

ホットキー：F

　ガーバ・データのフラッシュ アイテムをアウトライン表示します．

　フラッシュ アイテムとは，Dコードのフラッシュ操作で作られるアイテムです．主にパッドが該当します．

 線をスケッチ モードで表示 アイコン位置：

メニュー：[表示(V)]-[線をスケッチ モードで表示]

ホットキー：L

　ガーバ・データの線をアウトライン表示します．

ポリゴンをスケッチ モードで表示　　　　　　　アイコン位置：
メニュー：[表示(V)]-[ポリゴンをスケッチ モードで表示]　　　ホットキー：P

ガーバ・データのポリゴンをアウトライン表示します．

 Dコードを表示　　　　　　　　　　　　　　　アイコン位置：
メニュー：[表示(V)]-[Dコードを表示]　　　　　　　　　　ホットキー：D

パッド部分のパターンに対応するDコードを表示します．

 ネガ オブジェクトをゴースト表示　　　　　　アイコン位置：
メニュー：[表示(V)]-[ネガ オブジェクトをゴースト表示]

ネガ オブジェクトを表示します．

 差分モードで表示　　　　　　　　　　　　　　アイコン位置：
メニュー：[表示(V)]-[差分モードで表示]

レイヤー間の差分を強調する差分表示モードで表示します．

 XORモードで表示　　　　　　　　　　　　　　アイコン位置：
メニュー：[表示(V)]-[XORモードで表示]

レイヤー間の差分を強調するXOR表示モードで表示します．

 非アクティブ レイヤー表示モード　　　　　　アイコン位置：
メニュー：[表示(V)]-[非アクティブ レイヤー表示モード]

非アクティブのレイヤーについて表示/非表示を切り替えます．PCBエディターにも同様の機能があります．

 ガーバーの表示を反転　　　　　　　　　　　　アイコン位置：
メニュー：[表示(V)]-[ガーバーの表示を反転]

ガーバ・データの裏表を反転して表示します．PCBエディターの[基板ビューを反転]の機能と同等です．

レイヤー マネージャーを表示　　　アイコン位置：

メニュー：[表示(V)]-[レイヤー マネージャーを表示]

「レイヤー マネージャー」を表示します．

「レイヤー マネージャー」は，PCBエディターの「外観マネージャー」をレイヤーの操作に限定したものです．ガーバー ビューアーの画面右に表示されます(**図1**)．

4 ── ビューアーの各種機能

● Dコードの一覧表示

 Dコード リスト...

メニュー：[ツール(T)]-[Dコード リスト...]

ガーバ・データで定義されているDコードの一覧を表示します(**図3**)．Dコードはフォトプロッタの開口部の形状を定義するデータで，パッドの形状として反映されます．

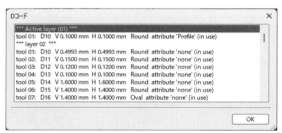

図3　Dコードの一覧

● 2点間の距離/角度の測定

 計測ツール　　　アイコン位置：

メニュー：[ツール(T)]-[計測ツール]　　　ホットキー：[Ctrl]+[Shift]+[M]

2点間の距離と角度をインタラクティブに計測・表示します．PCBエディターにも同様の機能があります．

● ガーバ・データのソースの表示

 ソース表示...

メニュー：[ツール(T)]-[ソース表示...]

「レイヤー マネージャー」で選択しているレイヤーのデータをテキスト・エディタで表示します．

● 表示中のレイヤーの削除

 現在のレイヤーをクリア...

メニュー：[ツール(T)]-[現在のレイヤーをクリア...]

「レイヤー マネージャー」で選択しているレイヤーを削除します．

第 2 部　プリント基板設計 KiCad 機能全集

第 5 章

部品「シンボル エディター」の機能

1 ── 全体の構成

「シンボル エディター」の画面全体を図1に示します．操作はおおむね回路図エディターと共通ですが，画面左側に，操作対象であるライブラリやシンボルを選択する「シンボル ツリー」パネルがあります．

2 ── ファイルの操作

● ライブラリの作成・保存

 新規ライブラリ…　　　　　　　　　　　　　アイコン位置：

メニュー：[ファイル(F)]-[新規ライブラリ…]

ライブラリをプロジェクトのライブラリとするかグローバルのライブラリとするかをダイアログで選択し，ライブラリのファイル名を指定します．

 ライブラリを追加…

メニュー：[ファイル(F)]-[ライブラリを追加…]

既存のライブラリを参照できるように追加します．

名前を付けてライブラリを保存…　　　　ホットキー：[Ctrl]+[Alt]+[S]

メニュー：[ファイル(F)]-[名前を付けてライブラリを保存…]

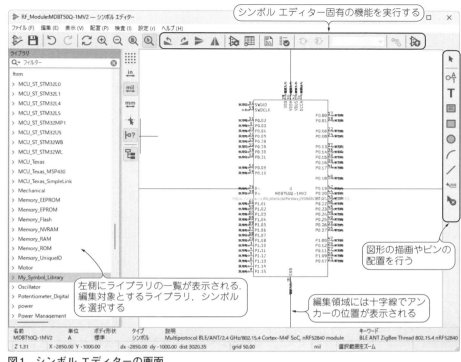

図1 シンボル エディターの画面

選択中のライブラリを新しいファイルとして保存します．

シンボルは通常，それが属しているライブラリに保存されますが，[名前を付けて保存]の操作では，ほかのライブラリに保存することができます．

● シンボルの新規作成

メニュー：[ファイル(F)]-[新規シンボル…]　　　　　　　　ホットキー：Ctrl + N

画面左側のシンボル ツリーから，シンボルを追加するライブラリを選択し，[新規シンボル…]の操作で新しいシンボルの作成を行います．プロパティを設定するダイアログ(**図2**)が表示されます．

「新しいシンボル」ダイアログの項目は，後述する「ライブラリ シンボルのプロパティ」

2— ファイルの操作　281

図2 新しいシンボルを作成する
ダイアログの項目は「ライブラリ シンボルのプロパティ」の抜粋になっている．いずれの項目もシンボルの作成中に修正が可能

(図3)から抜粋した内容になっています．プロパティは後からでも設定できます．[シンボル名]の項目のみ入力が必須です．任意の文字列でシンボル名を設定します．

● インポート

 シンボルをインポート...
メニュー：[ファイル(F)]-[インポート]-[シンボル...]

エクスポートした単体のシンボルをインポートすることができます．インポート先のライブラリを選択して，メニューもしくはコンテキスト・メニューから，シンボルのインポートを実行します．

● エクスポート

 シンボルをエクスポート...
メニュー：[ファイル(F)]-[エクスポート]-[シンボル...]

選択しているシンボルをエクスポートします．画面左側のシンボル ツリーからシンボルを右クリックしてコンテキスト・メニューからエクスポートすることもできます．

ファイル形式は.kicad_sym（KiCadのシンボル ライブラリの形式）です．シンボル1つを切り出したライブラリを作成する形になります．

 ビューをPNGとして出力…

メニュー：［ファイル(F)］-［エクスポート］-［ビューをPNGとして出力…］

編集領域の表示内容をpngファイルとして出力します．

 シンボルをSVGとして出力…

メニュー：［ファイル(F)］-［エクスポート］-［シンボルをSVGとして出力…］

編集中のシンボルの外見をsvgファイルとして出力します．

3 — シンボルの基本的な設定

● シンボルのプロパティ設定

 シンボルのプロパティ…　　　　　　　　　　　　　　　　アイコン位置：

メニュー：［ファイル(F)］-［シンボルのプロパティ…］

シンボルの各種プロパティの設定を行います．

▶［一般設定］タブ

シンボル全般にかかわる設定を行います（**図3**，**表1**）．

電源シンボルや，ロジックICのシンボルを作成する場合は，「5 — 論理記号を使ったシンボルの設定」や「6 — 電源シンボルの設定」の項も参照してください．

［一般設定］タブ内の右下にある「ピンのテキスト」で，ピン番号やピン名の表示/非表示を切り替えることができます．「ピン名を内側に配置」を設定したときの表示は**図4**のようになります．

▶［フットプリント フィルター］タブ

回路図エディターの［フットプリントを関連付け］で使うフィルター条件を設定します（**図5**）．

抵抗やコンデンサなど汎用的な部品は，ライブラリ規約でフットプリントの命名のルールが決められており，このルールに従ってフィルター条件を設定すると，サイズ違いのバ

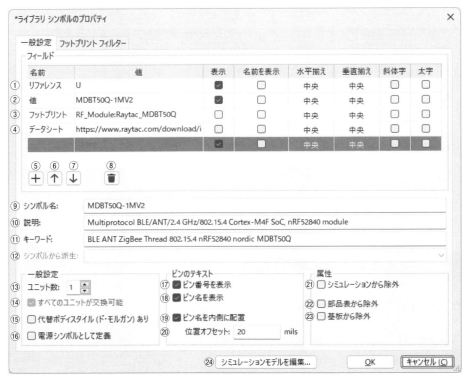

図3 シンボル エディターにおけるシンボルのプロパティ([一般設定] タブ)

図4 ピン名の配置を変えてみた

リエーションなどを適切に扱えます.

固有のフットプリントを持つ部品の場合は，フットプリントは一意に決まりますが，フットプリントのバリエーションが作られる可能性もあるので，フィルターの末尾に * を置くようにします．例えば，表面実装部品を手作業でも実装しやすくするためにパッドを大

表1 シンボルのプロパティ（一般設定）の項目

	項目名	説明
①	リファレンス	リファレンス番号の接頭辞の文字を指定する．部品の種別ごとに規約で規定があるので，それに従うのが望ましい
②	値	定数の初期値を指定する．⑨シンボル名の項目と連動して，同じ値が入る
③	フットプリント	対応するフットプリントがあれば，そのフットプリント識別子"ライブラリ名：フットプリント名"を入力する．対応するフットプリントがなければ空白とする
④	データシート	データシートが参照できるURLを入力する
⑤	追加	フィールドを追加する
⑥	上に移動	フィールドをリストの1つ上に移動する
⑦	下に移動	フィールドをリストの1つ下に移動する
⑧	削除	フィールドを削除する
⑨	シンボル名	シンボル名を入力する．②値の項目と連動して，同じ値が入る
⑩	説明	シンボルの説明を記載する．［シンボルを選択］ダイアログで表示される
⑪	キーワード	［シンボルを選択］ダイアログでフィルターの条件となるキーワードを設定する．キーワードに検索文字列と一致する部分があれば候補に挙がる
⑫	シンボルから派生	派生して作られたシンボルの場合の，派生元シンボル
⑬	ユニット数	複数回路入りの部品を回路ごとに分けてシンボル化するときに，その分割数を指定する
⑭	すべてのユニットが交換可能	ユニットがすべて同じ構成である場合にチェックを入れる
⑮	代替ボディスタイル（ド・モルガン）あり	論理回路記号を作るときに有効にする
⑯	電源シンボルとして定義	電源シンボルを作るときに有効にする．チェックを入れると，［電源シンボルを選択］ダイアログで表示されるようになる
⑰	ピン番号を表示	ピン番号の表示の有無を切り替える
⑱	ピン名を表示	ピン名の表示の有無を切り替える
⑲	ピン名を内側に配置	ピン名の文字をピンの根元側に表示する
⑳	位置オフセット	ピン名を内側に配置したときに，ピンの根元からの距離を設定する
㉑	シミュレーションから除外	シミュレーションで使わないシンボルとして設定する
㉒	部品表から除外	部品表にリストアップしないシンボルとして設定する．機構穴など部品と対応しないシンボルに使う
㉓	基板から除外	フットプリントと対応付けないシンボルとして設定する
㉔	シミュレーションモデルを編集…	ダイアログを開いて，SPICEシミュレーションで使うモデルの情報を編集する

きくしたバリエーションには"_Handsoldering"と後ろに付けてバリエーションが作られています．末尾に*を置くと，このような派生のフットプリントも候補に挙がります．

フットプリントのフィルター条件には，ワイルドカードを使ったあいまいな検索が指定できます．ワイルドカードでは以下の記号が使えます．

図5 シンボル エディターにおけるシンボルのプロパティ（[フットプリント フィルター] タブ）

- `*` 任意の複数文字に一致
- `?` 任意の1文字に一致

● ピンの一括設定

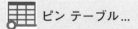 ピン テーブル... アイコン位置：

メニュー：[編集(E)] - [ピン テーブル ...]

シンボルに含まれるピンのプロパティの主要な項目を表形式で編集できます（**図6**）．データシートのピン定義のように一覧を見ながら入力するときには，この機能を使うのが便利です．

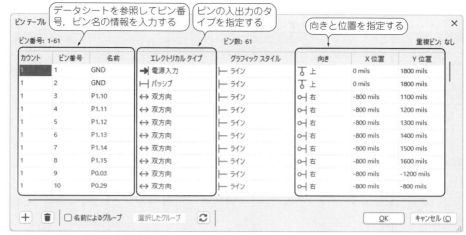

図6 ピン テーブルで主要なプロパティを一括設定できる

● シンボルのユニットの表示名の設定

ユニットの表示名を設定...

メニュー：[編集(E)]-[ユニットの表示名を設定...]

シンボルが複数ユニットを持つ設定になっている場合，それぞれのユニットの表示名を設定します．デフォルトでは「ユニット A」，「ユニット B」…となっています．

● 派生元の変更の反映

 ### シンボル フィールドを更新...

メニュー：[編集(E)]-[シンボル フィールドを更新...]

シンボルがほかのシンボルから派生したシンボルである場合に，派生元の変更を反映してシンボルのフィールドを更新します．

4 ── ピンの追加／設定

● ピンの追加

ピンを追加
メニュー：[配置(P)]-[ピンを追加]
アイコン位置：
ホットキー：P

配線を接続する端子(ピン)をシンボルに配置します．ピンは短い直線として表され，配線との接続部は小さな円で表されます．図形描画で描いた図形とピンを組み合わせて，回路図記号の図案を構成します．

それぞれのピンのプロパティを設定して，回路図エディター上でのシンボルの動作の詳細を決めます．

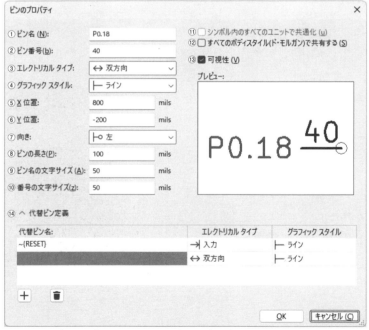

図7　シンボル エディターにおけるピンのプロパティ

● ピンのプロパティの設定

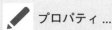
プロパティ ...

メニュー：ピンを右クリック-[プロパティ ...]　　　　　　　　　　　　　ホットキー：E

　ピンを右クリックして[プロパティ ...]を選択し，[ピンのプロパティ]ダイアログ(**図**7，**表**2)で個々のピンのプロパティの編集を行えます．

　[ピンのプロパティ]はデフォルトの設定のままでも動作に不備は発生しません．プロパティを設定せず，ピンを置いただけでもシンボルとして利用可能です．

　エレクトリカル ルール チェッカー（ERC）でのエラー検出をより正しく行うために「エレクトリカル タイプ」を設定します．ほかのプロパティは，ピンの見た目にかかわる項目です．

	項目名	説 明
①	ピン名	ピンの表示名．データシートにある定義などを設定する．~{...}の記号を使うと，{ }の内側の文字を上線で修飾することができる
②	ピン番号	ピン番号の番号はフットプリントのパッドの番号と対応する．数値以外も指定可能だが，基本的に行わないほうがよい
③	エレクトリカル タイプ	ERCでピンの接続関係のチェックを行うときの動作を設定する．ERC設定の表に基づいて，不正な組み合わせに対してエラー，警告を行う．デフォルトの値である[入力]は，ERCのデフォルトの設定では[未接続]と接続されている場合のみエラーとなる．エラー・チェックが甘くなるが，デフォルトのままでもシンボルの動作の不備はない
④	グラフィック スタイル	ピンの表示スタイルを指定する．主にIEEEの論理記号表記に合わせる場合などに使う．[反転]を使う場合は，ピン名の上線で反転を示しているのと重複して「二重に反転」しないよう注意する
⑤	X位置	ピンが置かれているX座標
⑥	Y位置	ピンが置かれているY座標
⑦	向き	ピンの向き．上下左右で指定する
⑧	ピンの長さ	表示されている直線の部分の長さを設定する
⑨	ピン名の文字サイズ	ピン名の文字サイズを設定する
⑩	番号の文字サイズ	ピン番号の文字サイズを設定する
⑪	シンボル内のすべてのユニットで共通化	複数ユニットを含むシンボルの場合に，すべてのユニットで共通のピンとする
⑫	すべてのボディスタイル(ド・モルガン)で共有する	代替シンボルが設定されているシンボルの場合に，標準シンボル，代替シンボル共通のピンとする
⑬	可視性	ピンの表示/非表示を設定する
⑭	代替ピン定義	ピンが設定によって多目的で使われる場合，選択可能な設定を代替ピンとして定義する．マイコンのシンボルを作る場合などに有用

表2　ピンのプロパティの項目

4―ピンの追加/設定

● 連続でピンを配置する

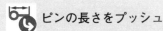
最後のアイテムを繰り返し　　　　　　　　　　ホットキー：Ins

シンボルにピンの追加を行った直後に[Ins]を押すと，連番を割り振って連続でピンを配置できます．ICのように，連続でピンが並ぶような場合に便利です．

● ピンの設定をほかのピンに反映する

ピンの設定を「プッシュ」して，ほかのすべてのピンに設定を反映できます．

ピンの長さをプッシュ

メニュー：ピンを右クリック-[ピンの長さをプッシュ]

ピン名のサイズをプッシュ

メニュー：ピンを右クリック-[ピン名のサイズをプッシュ]

ピン番号のサイズをプッシュ

メニュー：ピンを右クリック-[ピン番号のサイズをプッシュ]

ピンを右クリックして，コンテクスト・メニューから[ピンの長さをプッシュ]，[ピン名のサイズをプッシュ]，[ピン番号のサイズをプッシュ]の操作が行えます．

それぞれ対応する項目の設定を，シンボル中のほかのピンすべてに対して設定します．

5 — 論理記号を使ったシンボルの設定

● 標準シンボルと代替シンボル

論理記号を使ったシンボルには，特有の設定項目があります．

74シリーズのようなロジックICは，回路図上でMIL規格の論理記号の表記も使われます．論理記号はド・モルガンの法則により等価な2つの表現ができ，KiCadでは両方をサポートするため，シンボルには論理記号のための特別な設定があります．それが代替シンボルです．

代替シンボルの機能は，シンボルに2つめの図案を持たせることができます．論理回路記号はド・モルガン則の$\overline{(P \cap Q)} = \overline{P} \cup \overline{Q}$のように論理的に，等価となるもう1つのシンボルの図案を作成できます．2つの種類の図案を以下の操作で切り替えて作成します．

 ド・モルガン表現を標準に切り替え　　　　　アイコン位置：

 ド・モルガン表現を代替に切り替え　　　　　アイコン位置：

シンボルのプロパティ（図3）で［代替ボディスタイル（ド・モルガン）あり］にチェックを入れると，ツールバーの［ド・モルガン標準］，［ド・モルガン代替］のボタンが操作可能になり，シンボルの表示を切り替えられます．それぞれの論理式に合わせた図案を作成します．シンボルの表示切り替えのときに配線が崩れないよう，ピンの位置は標準シンボルと代替シンボルで同じ位置に配置します．

代替シンボルがあるシンボルを回路図エディター上に配置した場合，シンボルのプロパティを開き，「代替シンボル（ド・モルガン）」にチェックを付けることでシンボルの表示を切り替えることができます．

● ユニット

ロジックICでは，1つのパッケージに2つ以上の回路が入ったものがあります．代表的なものとしては4回路のNANDゲートが入っている7400があります．ICの中の1回路ごとを扱うために，シンボルを複数のユニットで構成することができます．図8のように，代替シンボルとあわせて設定されることも多いです．

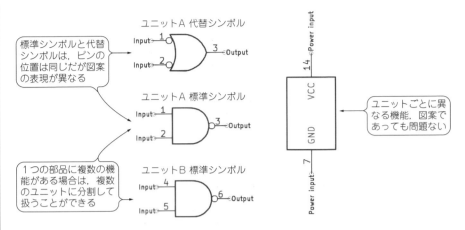

図8 複数のユニットをもつシンボルの図案の例

　シンボルのプロパティの[ユニット数]を2以上にすると，ツールバーにあるユニット選択のドロップダウン・リストが有効になります．ユニットを選択し，分割された機能ごとにシンボルを作成します．ピンの番号以外の図案の部分が異なる場合には，プロパティの[すべてのユニットが交換可能]にはチェックを入れません．ユニットを複数設定したシンボルは，回路図エディター上でシンボルのプロパティからユニットを選択することができます．

　同期ピン編集モードを有効にすると，ピンの追加や図案の編集の操作が，すべてのユニットに対して反映されます．ユニットの図案が共通である場合に効率的に作業が行えます．

6 ── 電源シンボルの設定

　シンボルを電源シンボルとして作成する場合，以下の4つのルールに従ってシンボルのプロパティを設定します．

- 「リファレンス」の値として#PWRを設定する
- 「リファレンス」を非表示にする

- ピンは1つだけ配置し，名前をシンボル名と同一にする
- ピンのプロパティで「可視性」を無効にして，「エレクトリカル タイプ」を電源入力に設定する

電源シンボルは部品とは対応付けられないシンボルになるため，フットプリントとの関連付けを行いません．リファレンスを#で開始する文字列に設定することで，[フットプリントの関連付け]に表示されないようにします．また，リファレンス番号も不要な情報となるので，非表示にします．

▶電源入力ピンの特例

「エレクトリカル タイプ」が「電源入力」で，かつ「可視性」が無効(非表示ピン)となっている場合には，「ピンの名前」に設定した名前のネットに自動的に接続された状態になります．

電源シンボルでは広く使われている設定で，例えば，GNDの電源シンボルは複数置かれた場合にもすべてのGNDシンボルがGNDのネットに接続されている状態となります．

7 ── 図形/テキストの描画

シンボルの図案を作成する図形(およびテキスト)の描画機能は，回路図エディターと同様です．配置した図形のコンテキスト・メニューからプロパティの設定が行えます(図9)．

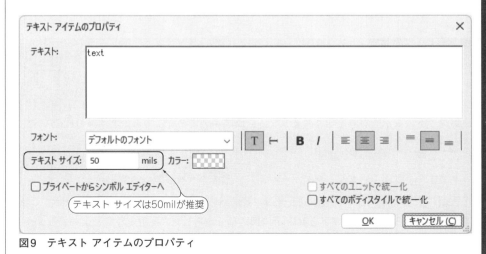

図9 テキスト アイテムのプロパティ

図形の種別によって表示内容は若干異なります．

　KiCadのライブラリ規約では、枠線の太さは10mil，ICのような多機能なモジュールは背景色で塗りつぶし，抵抗のような単純な記号の場合は背景の塗りつぶしは行わないように規定しています．テキストの文字サイズは50milが推奨されています．

● 原点となるアンカーの設定

 シンボルのアンカーを移動　　　　　　　　　　　　　アイコン位置：

　シンボルの原点となるアンカーを設定します．回路図エディター上で回転，反転の操作が行われることを考慮して，上下左右のバランスが良いデザインとなるのが望ましいです．

8 ── 画面の表示／非表示の設定

● シンボル ライブラリ ブラウザーの表示

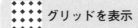　　　　　　　　　　　　アイコン位置：
メニュー：[表示(V)]-[シンボル ライブラリ ブラウザー]

　シンボル ライブラリ ブラウザーを表示します．画面左側のシンボル ツリーでシンボルを一覧できるので，あまり使う必要のない機能です．

● グリッドの設定

グリッドを表示　　　　　　　　　　　　　　　　　　アイコン位置：

　グリッドの表示の有無を切り替えます．回路図エディターにあるのと同様の機能です．

グリッド間隔の設定
メニュー：画面を右クリック-[グリッド]-任意のグリッド間隔を選択

　画面に表示するグリッドを設定します．KiCadのライブラリは100milに合わせてピンを配置しているので，グリッドを100milに指定してからピンの配置を行うとよいでしょう．

● シンボル ツリーの表示/非表示

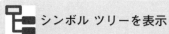 シンボル ツリーを表示　　　　　　　　　アイコン位置：

メニュー：[表示(V)]-[シンボル ツリーを表示]

画面左側のシンボル ツリーの表示を切り替えます．

● ピンのエレクトリカル タイプの表示/非表示

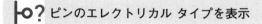　　　　　　　　　アイコン位置：

ピンにエレクトリカル タイプを示す文字列を表示します．不要なら非表示にできます．

9 ── シンボル・データの不備チェック

● シンボルの不備をチェックする

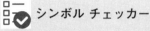 シンボル チェッカー　　　　　　　　　アイコン位置：

メニュー：[検査(I)]-[シンボル チェッカー]

作成したシンボルに不備がないか(ピンがグリッドにそろっていないなど)をチェックすることができます．

● データシートの表示

 データシートを表示　　　　　　　　　アイコン位置：

メニュー：[検査(I)]-[データシートを表示]　　　　　ホットキー：[D]

シンボルのプロパティ (図3)の「データシート」のフィールドに設定されているURLをWebブラウザで表示します．

第6章

部品「フットプリント エディター」の機能

1 — 全体の構成

「フットプリント エディター」の画面全体を図1に示します．PCBエディターと似た画面の構成で，操作も共通です．

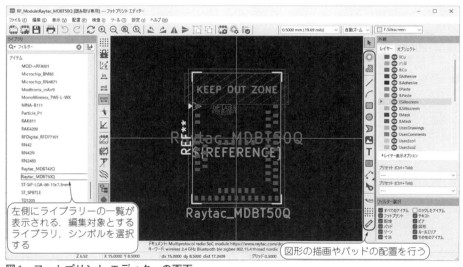

図1 フットプリント エディターの画面

2 ── ファイルの操作

● ライブラリの作成・保存

 新規ライブラリ...　　　　　　　　　　　　アイコン位置：

メニュー：[ファイル(F)]-[新規ライブラリ...]

　フットプリント ライブラリを作成します．ライブラリをプロジェクトのライブラリとするかグローバルのライブラリとするかをダイアログで選択し，ライブラリのファイル名を指定します．

　フットプリント ライブラリは単一のファイルではなく，prettyフォルダとその配下に含まれるファイル群で構成されます．

 ライブラリを追加...　　　　　　　　　　　アイコン位置：

メニュー：[ファイル(F)]-[ライブラリを追加...]

既存のライブラリを参照できるように追加します．

● フットプリントの新規作成・生成

 新規フットプリント...　　　　　　　　　　アイコン位置：

メニュー：[ファイル(F)]-[新規フットプリント...]　　　ホットキー：Ctrl + N

　新しいフットプリントの作成を始めます．ダイアログが表示されるので，フットプリント名を入力します．

フットプリントを生成...　　　　　　　　　　アイコン位置：

メニュー：[ファイル(F)]-[フットプリントを生成...]

　ウィザード機能を使ってフットプリントを生成します(**図2**)．フットプリント生成ツール(テンプレート)を選択することで定型的なフットプリントを生成できます．値を設定して「エディターへフットプリントをエクスポート」でフットプリント エディターに戻り，フットプリントに名前を付けて保存します．

　生成ツールはPythonスクリプトで作られており，自作することも可能です．

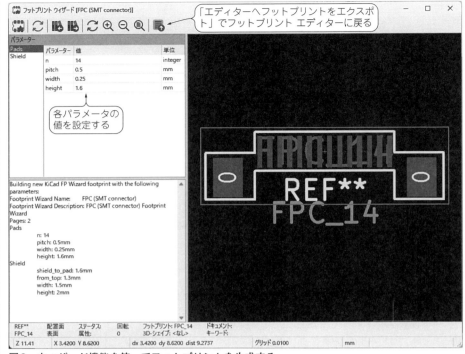

図2 ウィザード機能を使ってフットプリントを生成する

● インポート

 フットプリントをインポート…

メニュー：[ファイル(F)]-[インポート]-[フットプリント…]
またはフットプリント ツリー画面内を右クリック-[フットプリントをインポート…]

フットプリントをインポートします．

フットプリント エディターでエクスポートしたKiCadのフットプリント ファイルとgEDAのフットプリント ファイルを取り込むことができます．

 グラフィックスをインポート…

メニュー：[ファイル(F)]-[インポート]-[グラフィックス…]

ホットキー：[Ctrl]+[Shift]+[F]

ベクタ画像ファイル(.dxfや.svgファイルなど)を線画としてフットプリントに取り込むことができます．機械系CADで作成した複雑な外形線などを取り込めます．

● エクスポート

 フットプリントをエクスポート ...

メニュー：[ファイル(F)]-[エクスポート]-[フットプリント ...]

フットプリントを単体のファイルとして出力します．

 ビューをPNGとして出力 (P) ...

メニュー：[ファイル(F)]-[エクスポート]-[ビューをPNGとして出力 (P) ...]

編集領域の表示内容をpngファイルとして出力します．

3 ── フットプリントの基本的な設定

● フットプリントのプロパティ

 フットプリントのプロパティ ...　　　　　　　　　　アイコン位置：

メニュー：[ファイル(F)]-[フットプリントのプロパティ ...]

▶[一般設定]タブ

フットプリント全般のプロパティを，ダイアログを使って設定します

表示するテキストの設定や説明の記載などを行います(**図3**，**表1**)．

▶[クリアランスのオーバーライドと設定]タブ

パッド周りのはんだマスクのクリアランスと，はんだペーストの領域の設定を行います(**図4**)．設定項目の意味を**図5**に示します．

クリアランスのオーバーライドの設定は，フットプリントのプロパティのほか，パッドのプロパティにも存在します．さらに，デザインルールやゾーンのプロパティにも同様の項目が存在します．

この設定は，総則として適用される設定と，フットプリントやパッドの局所的な設定とに使い分けられます．複数の設定が混在していた場合は，

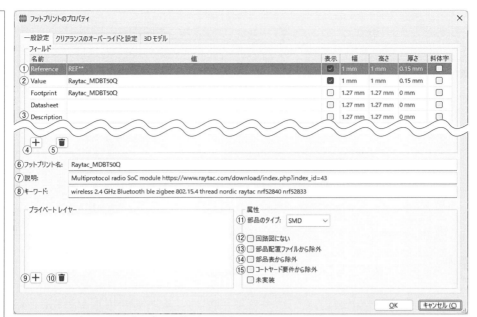

図3 フットプリントのプロパティ（[一般設定] タブ）

表1 フットプリントのプロパティ（[一般設定] タブ）の項目

	項目名	説　明
①	リファレンス	リファレンス番号を入力する（通常はREF**のままにする）．REF**は，回路図エディターのアノテーションで付けられた番号に置き換えられる
②	定数	定数の初期値を設定する．フットプリント名と同じ値を入力する
③	追加のフィールド	規約では"${REFERENCE|"のテキストを追加し，[F.Fab]に配置する．"${REFERENCE|"はリファレンス番号に置き換えられる
④	フィールドの追加	ユーザ定義のフィールドを追加する
⑤	フィールドの削除	選択しているユーザ定義のフィールドを削除する
⑥	フットプリント名	フットプリントの名称を指定する
⑦	説明	フットプリントの選択時に表示される簡単な説明を記入する
⑧	キーワード	フットプリントの選択ダイアログからの検索で，マッチするキーワードを設定する
⑨	プライベート レイヤーの追加	プライベート レイヤー [User.0, User.1, …] のデータをフットプリントに追加する
⑩	プライベート レイヤーの削除	プライベート レイヤー [User.0, User.1, …] のデータをフットプリントから削除する
⑪	部品のタイプ	部品の実装方法の種別（スルーホール/SMD）を指定する
⑫	回路図にない	回路図にない部品の場合チェックする．等価性のチェック
⑬	部品配置ファイルから除外	表面実装部品の実装で使う部品配置ファイル（.posファイル）へ出力しないようにする
⑭	部品表から除外	部品表に出力しないようにする
⑮	コートヤード要件から除外	DRCのコートヤード要件のチェック対象外にする

フットプリントのプロパティ
一般設定
クリアランスのオーバーライドと設定
3Dモデル
クリアランス
ネットクラスの値を使用するため、値を0に設定します。
パッドのクリアランス: 0 mm
ハンダマスクの拡張: 0 mm
パッド間を接続するハンダマスク アパーチャを許容する
ハンダペーストの絶対クリアランス: -0 mm
ハンダペーストの相対クリアランス: -0 %
注: ハンダマスクとペーストの値は導体レイヤー上のパッドにのみ使用されます。
注: ハンダペーストのクリアランス (絶対および相対) は最終的なクリアランスを決め
導体ゾーンへの接続
パッドをゾーンへ接続: ゾーンの設定を利用
ネットタイ
異なるネットを接続しても問題ないパッドのグループを定義:
OK
キャンセル(C)
パッドやはんだマスク，はんだペーストのクリアランスを指定する. 0の場合は，パッドの属するネットクラスの値で置き換えられる
パッドと導体ゾーンとの接続の方法を指定する.「ゾーンの設定を利用」の場合はパッドの置かれているゾーンの設定を使用する.「実線」はベタ塗りでゾーンと接続する.「サーマルパッド」は熱が逃げにくいパターンを作成する
ネットタイに指定されたパッドのグループは，異なるネットが接続されてもDRCでエラーにならなくなる. パターンカットするために接続されているジャンパのフットプリントなどに使うと便利
ネットタイのグループの追加と削除を行う

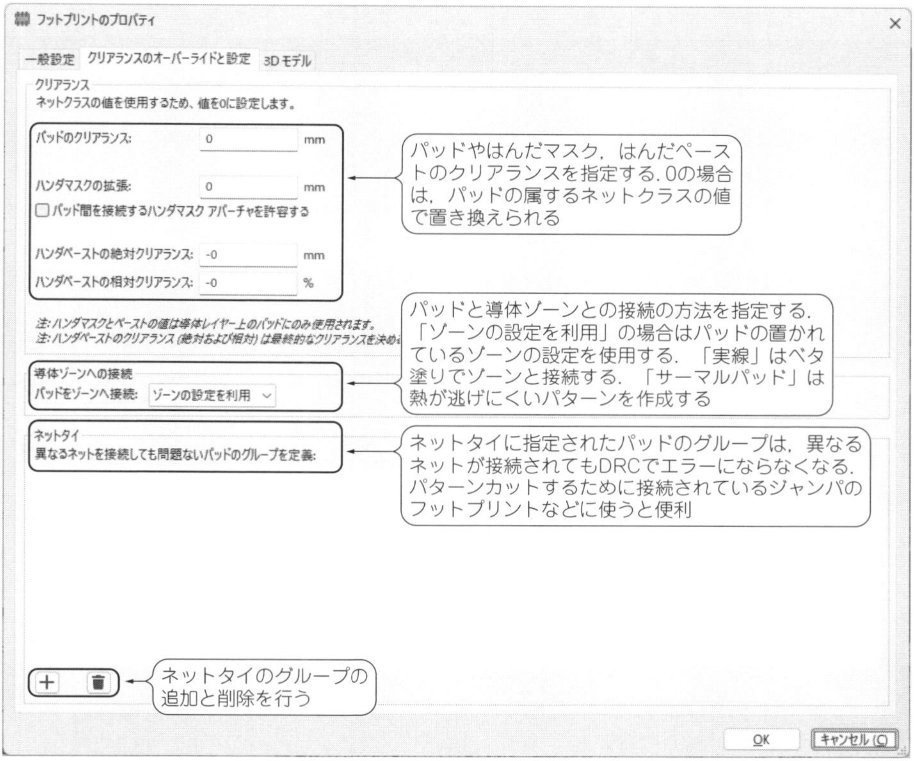

図4　フットプリントのプロパティ（[クリアランスのオーバーライドと設定] タブ）

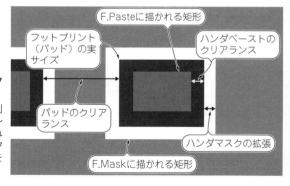

図5　はんだペーストやはんだマスクの設定領域

図4の「ハンダペーストのクリアランス」にプラスの値を入れると，フットプリントの外側までペーストはんだが塗られる．通常はマイナスの値を指定して，フットプリントのサイズよりも塗る領域を小さく設定する．

F.Pasteに描かれる矩形
フットプリント（パッド）の実サイズ
ハンダペーストのクリアランス
パッドのクリアランス
ハンダマスクの拡張
F.Maskに描かれる矩形

パッド → フットプリント → デザインルール

の順に優先されます．

設定の影響範囲は逆の順で，広く影響する設定のほうが低い優先度となります．

ライブラリ規約では，フットプリントのプロパティとパッドのプロパティのクリアランスは，いずれもデフォルト値の0のままとする（ネットクラスの値を使用する）規定となっています．

図6 フットプリントのプロパティ（[3Dモデル] タブ）

フットプリント作成者は汎用的に使えるような設定を行い，基板の設計のときに設計者が個別の値を設定する方針，と考えるとわかりやすいでしょう．ただし例外として，データシートなどで指定がある場合には，その値を設定する，としています．

　サーマル リリーフの設定も同様の考え方で，パッドでは［親のフットプリントから］，フットプリントでは［ゾーンの設定を利用］が推奨の値となっています．例外的に，カスタム形状のパッドでの［ゾーンとの接続］は，上位の設定に従うことができないため，パッドでの設定が常に有効になります．

▶ ［3Dモデル］タブ

　3Dビューアーや3Dデータのエクスポート時に使われる3Dモデルの設定を行います（**図6**）．データはSTEPファイル，WRLファイルの形式が使えます．フットプリントとの位置合わせにスケール，回転，オフセットのパラメータで向きや位置の調整が行えます．

　KiCadの標準ライブラリに含まれているデータは再配布可能なデータですが，メーカが配布している3Dデータは各社のライセンス条件にもとづいて提供されています．使用する際には配布元の定めるライセンスに従う必要があります．

4 — パッドの基本的な設定

● パッドのプロパティの初期設定

 デフォルトのパッド プロパティ ...

メニュー：［編集(E)］-［デフォルトのパッド プロパティ ...］

　［パッドを追加］でパッドを配置したときの初期値を設定します．コンテキスト・メニューから設定する個々のパッドのプロパティの設定項目も，この設定と同じ内容になります．

 パッドのプロパティ

メニュー：パッドを右クリック-［プロパティ ...］　　　　　　　　　ホットキー：E

▶ ［一般設定］タブ

　パッドの構造や形状の設定を行います（**図7**，**表2**）．

　ここで設定する項目の例を**図8**と**図9**に示します．

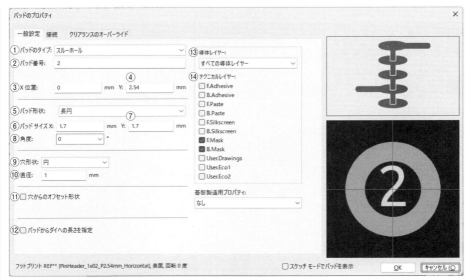

図7　パッドのプロパティ（[一般設定] タブ）

表2　パッドのプロパティ（[一般設定] タブ）の項目

	項目名	説　明
①	パッドのタイプ	パッドの構造を指定する．部品の実装の仕方に合わせて選択する
②	パッド番号	パッドの番号．シンボルのピン番号と対応する
③	X 位置	パッドの座標を指定する
④	Y 位置	
⑤	パッド形状	パッドの形状とサイズを指定する．パッドの形状に応じて，必要なパラメータを指定する（図8と図9を参照）．[カスタム（円形ベース）]，[カスタム（長方形ベース）] のサイズ指定はそれぞれ円，四角に準じる
⑥	パッド サイズ X	
⑦	パッド サイズ Y	
⑧	角度	向き（回転）を指定する
⑨	穴形状	ドリル穴の形状とサイズを指定する．[円] の場合は [直径] で穴径を指定する．[穴形状] を [長円] とした場合は，穴サイズの X と Y を指定する
⑩	直径	
⑪	穴からのオフセット形状	X 位置，Y 位置からのオフセット量を指定する
⑫	パッドからダイへの長さを指定	パッドからチップのダイ（IC の中で回路を構成しているシリコン片）までの長さを入力する．パッドからダイまでも配線になるので，配線長の計算に使用する値として使われる
⑬	導体レイヤー	パッドの形状データを配置する導体レイヤーを指定する．通常はパッド形状が選択されたときに設定される値をそのまま使う
⑭	テクニカル レイヤー	パッドの形状データを配置するレイヤーを指定する．通常はパッド形状が選択されたときに設定される値をそのまま使う

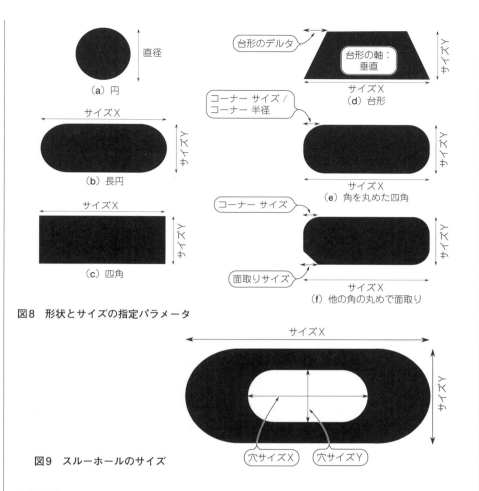

図8 形状とサイズの指定パラメータ

図9 スルーホールのサイズ

▶[接続]タブ

このパッドに作られるティアドロップの形状を個別に指定できます(**図10**). 設定項目はPCBエディターの[基板の設定...]-[デザインルール]-[ティアドロップ](第2部第3章の図20)にある項目とほぼ同じです.

また, ゾーンの切り抜き形状をパッド形状に沿わせるか, 囲う形にするかを選択できます(**図11**).

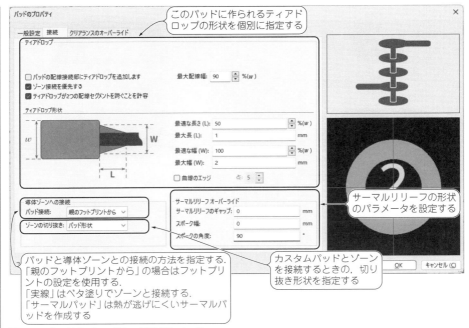

図10　パッドのプロパティ（[接続] タブ）

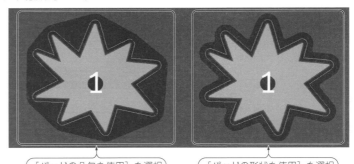

図11　カスタム形状パッドのゾーン接続

▶[クリアランスのオーバーライド]タブ

　パッド周りのはんだマスクのクリアランスと，はんだペーストの領域の設定を行います（**図12**）．設定項目は，フットプリントのプロパティにある[クリアランスのオーバーライドと設定]タブ（**図4**）とほぼ同じです．

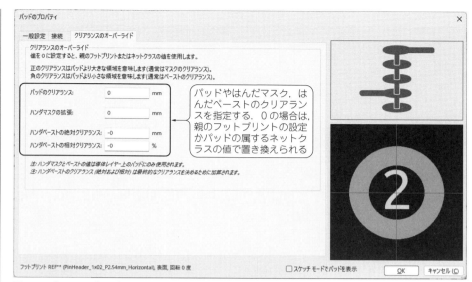

図12　パッドのプロパティ（[クリアランスのオーバーライド] タブ）

5 ── パッドの配置/編集/設定

● パッドの配置

 パッドを追加

メニュー：[配置(P)]-[パッドを追加]

はんだ付けする端子となるパッドを配置します．

部品のデータシートなどを参考に，部品の端子の位置に正しくパッドを配置していきます．配置のたびパッド番号は1つずつ大きな値となります．同じ形状のパッドを多数配置する場合には，前述した[編集(E)]-[デフォルトのパッド プロパティ ...]の設定を行ってから配置を行うのが効率的です．

 パッドをリナンバー ...

メニュー：画面内を右クリック-[パッドをリナンバー ...]

パッドの番号を振り直します．開始番号や接頭辞を図13のダイアログで指定できます．

図13 パッドのリナンバー

● 配置したパッドの形を編集

 グラフィック形状としてパッドを編集
メニュー：パッドを右クリック-[グラフィック形状としてパッドを編集]
ホットキー：Ctrl + E

パッドの形状を編集できます．この操作を行うと，図形描画の機能を使って編集を行えるパッド編集モードに切り替わります．

 パッド編集を終了
ホットキー：Ctrl + E

パッド編集モードを終了します．

● パッドの設定を反映

 パッドのプロパティをデフォルト値にコピー
メニュー：パッドを右クリック-[パッドのプロパティをデフォルト値にコピー]

選択したパッドの設定をデフォルト値に設定します．

 選択されたパッドにデフォルトのパッド プロパティをペースト
メニュー：パッドを右クリック-[選択されたパッドにデフォルトのパッド プロパティをペースト]

パッドのプロパティのデフォルト値を選択したパッドに反映します．

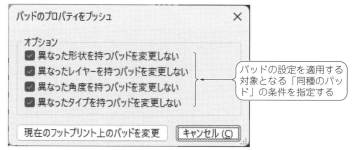

図14　パッドのプロパティをプッシュする

他のパッドにパッドのプロパティをプッシュ

メニュー：パッドを右クリック-[他のパッドにパッドのプロパティをプッシュ]

選択したパッドの設定を，ほかのパッドに一括で反映します(図14)．ダイアログで反映するパッドの条件を指定します．

● アンカーの設定

フットプリントのアンカーを配置

メニュー：[配置(P)]-[フットプリントのアンカーを配置]

ホットキー：[Ctrl]+[Shift]+[N]

フットプリントの基準点のアンカーを設定します．

KiCadのライブラリ規約では，部品の中央にアンカーを置くように規定しています．フットプリントの編集時にはデータシートの寸法図を参照しながら編集することも多いはずです．その場合には部品の左下の端を原点に取るような場合も多くありますので，編集が終わった後の最後にアンカーの設定を行うのがおすすめです．

6 ── シルクやその他の設定

● 図形の描画

図形描画に関する各操作はPCBエディターの同名の機能と同等の機能です．KiCadのライブラリ規約ではフットプリントの各レイヤーの使用方法に規定を設けています．遵守する必要はありませんが，フットプリント作成時の指針として参考するとよいでしょう．

● シルクスクリーン印刷の書き込み

　シルクスクリーン印刷のレイヤーは部品の種類や方向などをわかりやすく表現する図案を書き込みます．文字や描画の操作はPCBエディターでの操作と変わりません．ライブラリ規約では，シルクスクリーン印刷の文字はサイズ1.0mm，太さ0.15mm，図形の線幅は0.12mmが推奨です．

● その他の設定

▶コートヤード

　コートヤード（F.Courtyard, B.Courtyard）のレイヤーには，部品の実装に必要な領域を示す矩形を書き込みます．線幅は0.05mmを使います．このレイヤーの設定を行うと，DRCで部品の実装エリアが衝突していて実装ができない問題を検出できるようになります．

▶部品の外形，追加のリファレンス表示

　ライブラリ規約では，F.Fabのレイヤーに部品の外形を簡略な図形で記入するよう規定してきます．コートヤードは部品の実装に必要なサイズを示すので，コートヤードの矩形より小さくなります．外形の描画は0.1mmの線幅が推奨です．また，F.Fabのレイヤーにテキストで%Rを配置して，追加のリファレンス表示を行うことが規定されています．%RはPCBエディターで配置を行ったときに，リファレンス番号に置き換えられます．テキストのサイズは1.0mmが推奨です．

▶禁止エリアの表示，コメントの記入

　データシートでGNDベタの配置が禁止と指示されている領域がある場合，User.Drawingsのレイヤーにハッチングで表示します．文字でコメントを入れる場合にはUser.Commentsのレイヤーを使います．

7 ── 画面の表示/非表示の設定

● フットプリント ライブラリ ブラウザーの表示

　フットプリント ライブラリ ブラウザー
　メニュー：[表示(V)]-[フットプリント ライブラリ ブラウザー]

　フットプリント ライブラリ ブラウザーを表示します．

● 画面内パネルの表示/非表示

 フットプリント ツリーを表示　　　　　　　アイコン位置：
メニュー：[表示(V)]-[フットプリント ツリーを表示]

画面左側のフットプリント ツリーの表示を切り替えます．

外観マネージャーを表示　　　　　　　　　アイコン位置：
メニュー：[表示(V)]-[外観マネージャーを表示]

画面右側の外観マネージャーの表示を切り替えます．

8 ── フットプリントの不備チェック

● フットプリント チェッカー

フットプリント チェッカー　　　　　　　　アイコン位置：
メニュー：[検査(I)]-[フットプリント チェッカー]

フットプリントのエラーをチェックします（**図15**）．

図15　フットプリント チェッカー

9 —— 各種機能

● PCBエディターとのデータ連携

 基板からフットプリントをロード (L) ...　　　　　アイコン位置：

メニュー：[ツール(T)] - [基板からフットプリントをロード(L) ...]

基板上に配置されているフットプリントを編集対象として読み込みます(図16).

図16　基板からフットプリントをロード

 基板へフットプリントを挿入 (I)　　　　　アイコン位置：

メニュー：[ツール(T)] - [基板へフットプリントを挿入(I)]

基板に編集中のフットプリントを追加します.

● データの修復

フットプリントの修復

メニュー：[ツール(T)] - [フットプリントの修復]

フットプリントのデータに内部異常がある場合に，その修復を試みます.

第2部 プリント基板設計 KiCad 機能全集

Appendix 1

おすすめプラグインと管理機能

　「プラグイン＆コンテンツ マネージャー」は，KiCadに機能を追加するプラグイン（Pythonのスクリプト）やライブラリ，カラーテーマ（画面の配色設定）のインストールや管理を行います．

1 —— プラグインの管理機能

● プラグインのインストール

　図1の画面左に表示されているプラグインの一覧からインストールするものを選び，[インストール]を押してインストールを指示します．その後，画面下の[保留中の変更を適用]を押すと，インストールが実行されます．

▶リポジトリの管理

　プラグインの情報は，画面上に表示されているリポジトリ（データ収集・配布サイト）から取得しています．リポジトリは，デフォルトで指定されている「KiCad official repository」以外にも，独自で公開しているリポジトリなどを選択することもできます．

　リポジトリを追加するには，**図1**の画面右上にある「管理」のボタンを押して，開いたダイアログ（**図2**）で「＋」を押し，URLを指定します．

　なお，「リポジトリのURLを読み込めません」というエラーが出る場合は，インターネット接続環境のセキュリティ設定によりアクセスが制限されている可能性があります．

▶ファイルからのインストール

　ネットワークへのアクセスが制限される場合は，「ファイルからインストール…」の操作により，zipファイルを指定してプラグインをインストールすることもできます．

第2部 プリント基板設計 KiCad 機能全集

1—プラグインの管理機能 313

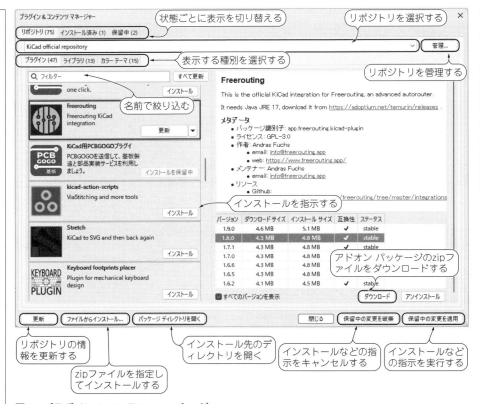

図1　プラグイン＆コンテンツ マネージャー

図2　リポジトリの管理

● プラグインのアンインストール/更新

　［インストール済み］のタブ（**図3**）ではインストールされたプラグインの一覧が表示されます．それぞれに対してアンインストール，もしくは更新の実行を指示します．

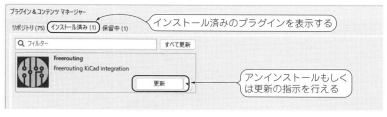

図3 [インストール済み] タブ

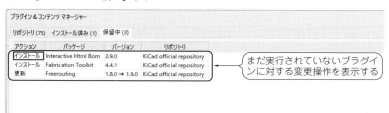

図4 [保留中] タブ

● 保留中の操作

[リポジトリ], [インストール済み]のタブで行った, インストール, アンインストール, 更新の指示を表示します(図4).

2 ── おすすめのプラグイン

KiCad official repositoryからインストールできる代表的なプラグインを紹介します.

● 自動配線 Freerouting

自動配線を行うプラグインです[図5(a)]. 本書の第1部第6章ではKiCad本体の機能を使って自動配線を行う手順を解説していますが, その手順のいくつかを自動的に実行できます.

● 部品表作成 Interactive Html Bom

ブラウザで表示できる見栄えの良い部品表を作成するプラグインです[図5(b)]. BOMとうたっていますが, 実際には基板データのオフライン表示としても使える高機能なもので, クロスプローブ機能のように, ブラウザ上で部品表の項目から基板上の対応する部品をインタラクティブに表示することができます.

● **PCB製造サービス各社の発注用プラグイン**

　基板の発注を簡単に行うためのプラグインが，PCB製造サービス各社から提供されています．JLCPCB社のFabrication Toolkit[**図5(c)**]，PCBGOGO社のKiCad用PCBGOGOプラグイン[**図5(d)**]などがあります．

(a) Freerouting

(b) Interactive Html Bom

(c) Fabrication Toolkit　　　　　　　　(d) KiCad用PCBGOGO

図5　KiCad official repositoryに含まれるプラグインの例

Appendix 2

「計算機ツール」機能

1 —— 全体の構成

　計算機ツールは電気回路に関する計算を簡単に実行できる機能です．複数の計算機能を集めた構成になっています（**図1**）．

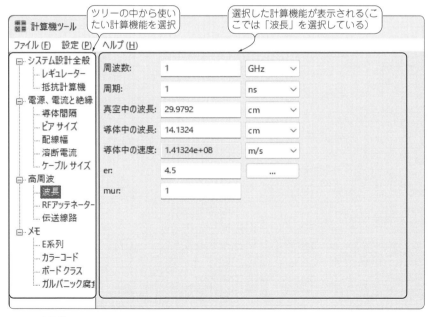

図1　計算機ツールの画面

2 ── システム設計全般にかかわる計算機能

● レギュレータの値

3端子レギュレータなどの抵抗値や出力電圧の計算を行います(図2).

計算したレギュレータのパラメータをファイルに保存することができます．[レギュレーターを追加]ボタンを押すと，「レギュレーターのデータ」欄に入力した名前のファイルとして保存されます．ファイルが未作成の場合，[参照]から存在しないファイルを指定すると警告が表示されますが，無視してかまいません．[レギュレーターを追加]ボタンを押したときにファイルが作成されます．

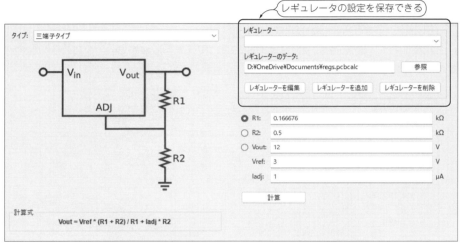

図2 レギュレータの値の計算

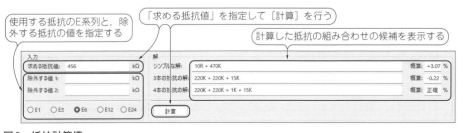

図3 抵抗計算機

● 合成抵抗の計算

　任意の抵抗値を，E系列にある標準的な抵抗の組み合わせで，合成抵抗として作成します（図3）.

3 ── 電源，電流と絶縁にかかわる計算機能

● 導体間隔の推奨値

　IPC‑2221のプリント基板設計基準に基づく，導体間隔の推奨値の表です（図4）.
IEC‑60664に基づく絶縁設計の計算機能もあります（図5）.

● ビアの電気的パラメータ

　ビアの形状から，電気的なパラメータを計算します（図6）.

● 配線パターン幅

　指定の電流を流すのに十分な配線パターンの幅の計算，もしくは指定した配線幅で扱える最大電流の計算を，IPC‑2221の計算式に基づいて行います（図7）. 各テキスト・ボックスに値を設定すると，ほかの項目が自動的に再計算されます.

		B1	B2	B3	B4	A5	A6	A7
	0 .. 15 V	0.05	0.1	0.1	0.05	0.13	0.13	0.13
	16 .. 30 V	0.05	0.1	0.1	0.05	0.13	0.25	0.13
	31 .. 50 V	0.1	0.6	0.6	0.13	0.13	0.4	0.13
	51 .. 100 V	0.1	0.6	1.5	0.13	0.13	0.5	0.13
	101 .. 150 V	0.2	0.6	3.2	0.4	0.4	0.8	0.4
	151 .. 170 V	0.2	1.25	3.2	0.4	0.4	0.8	0.4
	171 .. 250 V	0.2	1.25	6.4	0.4	0.4	0.8	0.4
	251 .. 300 V	0.2	1.25	12.5	0.4	0.4	0.8	0.8
	301 .. 500 V	0.25	2.5	12.5	0.8	0.8	1.5	0.8
	> 500 V	0.25	2.5	12.5	0.8	0.8	1.5	0.8

注: 値は最小値です (IPC 2221 より)

ユニット: mm
電圧 > 500 V: 500
値を更新

* B1 - 内層導体
* B2 - 外層導体 コーティングなし, 海抜3050mまで
* B3 - 外層導体 コーティングなし, 海抜3050m以上
* B4 - 外層導体, 耐久ポリマー コーティング (海抜によらず)
* A5 - 外層導体, Assy全体に絶縁保護コーティング (海抜によらず)
* A6 - 外層 コンポーネント リード終端, コーティングなし
* A7 - 外層 コンポーネント リード終端, 絶縁保護コーティング (海抜によらず)

テキスト・ボックスの値で表中の［> 500V］の欄を計算する

図4　導体間隔の計算（［IPC2221］タブ）

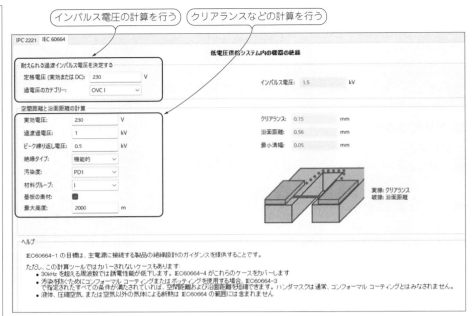

図5　導体間隔の計算（［IEC60664］タブ）

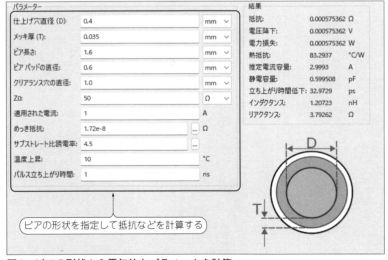

図6　ビアの形状から電気的なパラメータを計算

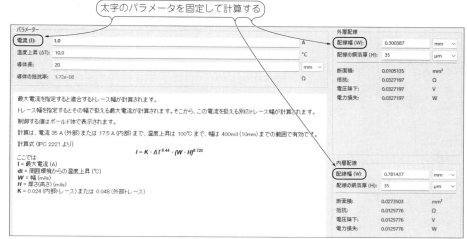

図7 配線幅の計算

● ヒューズの溶断電流

ヒューズの溶断の計算を行います(**図8**).［計算］ボタンを押すと,ラジオ・ボタンで選択している項目についてほかのパラメータから計算を行い,値を反映します.

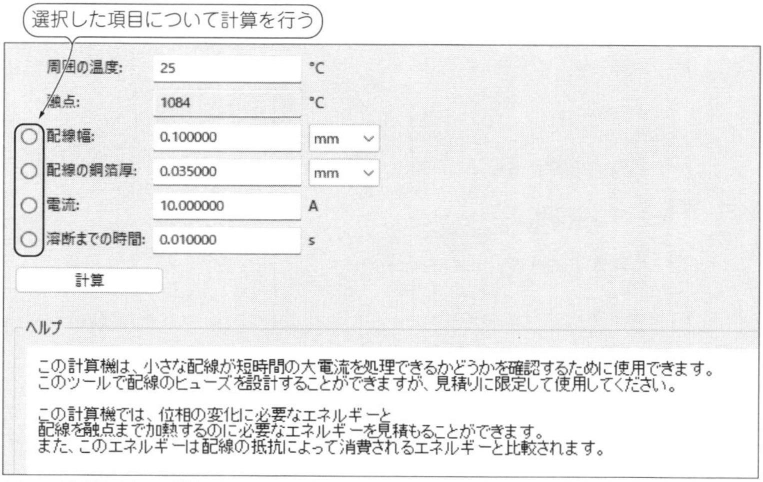

図8 溶断電流の計算

● ケーブルの許容電流

ケーブルのパラメータから許容電流などを求めます(図9).

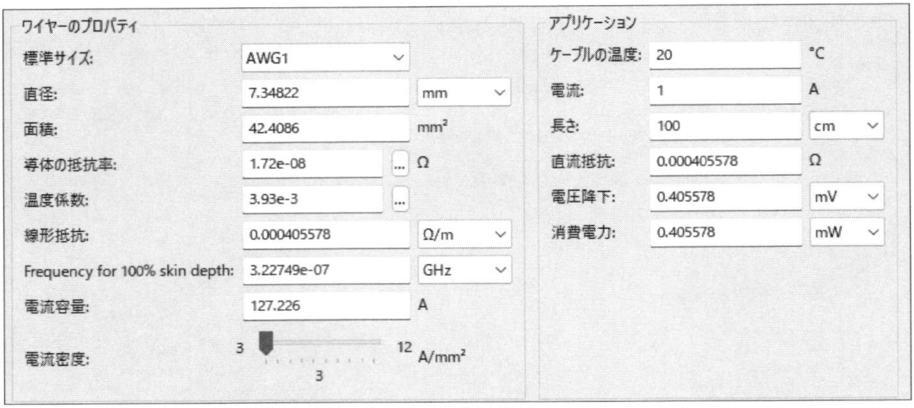

図9 ケーブルのサイズから電気的なパラメータを計算

4 ── 高周波にかかわる計算機能

● 波長

周波数,波長など波に関する計算を行います(図10).

図10 波長の計算

● RFアッテネータの抵抗値

信号を減衰させるアッテネータの抵抗値の計算を行います(図11).

図11 RFアッテネータの計算

● 伝送線路

さまざまなタイプの伝送線路の計算を行います(図12).

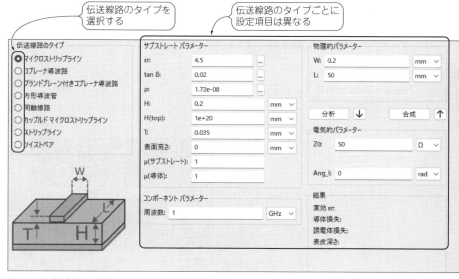

図12 伝送線路の計算

5 —— 便利メモ

● E系列

抵抗やコンデンサで使われる，E系列の一覧表です(**図13**)．

E24,E48,E96

E24	E48	E96	E24	E48	E96	E24	E48	E96	E24	E48	E96
100	100	100	180	178	178	330	316	316	560	562	562
		102			182			324			576
	105	105		187	187		332	332		590	590
		107			191			340			604
110	110	110	200	196	196	360	348	348	620	619	619
		113			200			357			634
	115	115		205	205		365	365		649	649
		118			210			374			665
120	121	121	220	215	215	390	383	383	680	681	681
		124			221			392			698
	127	127		226	226		402	402		715	715
		130			232			412			732
130	133	133	240	237	237	430	422	422	750	750	750
		137			243			432			768
	140	140		249	249		442	442		787	787
		143			255			453			806
150	147	147	270	261	261	470	464	464	820	825	825
		150			267			475			845
	154	154		274	274		487	487		866	866
		158			280			499			887
160	162	162	300	287	287	510	511	511	910	909	909
		165			294			523			931
	169	169		301	301		536	536		953	953
		174			309			549			976

E1,E3,E6,E12

E1	E3	E6	E12
100	100	100	100
			120
		150	150
			180
	220	220	220
			270
		330	330
			390
	470	470	470
			560
		680	680
			820

図13　E系列の一覧表

● カラー・コード

抵抗のカラー・コードの表です(**図14**)．

誤差
- 10% / 5%
- <= 2%

第1帯		第2帯	第3帯	乗数	誤差
Black	0	0	0	x 1	
Brown	1	1	1	x 10	± 1%
Red	2	2	2	x 100	± 2%
Orange	3	3	3	x 1k	
Yellow	4	4	4	x 10k	
Green	5	5	5	x 100k	± 0.5%
Blue	6	6	6	x 1M	± 0.25%
Violet	7	7	7	x 10M	± 0.10%
Gray	8	8	8	x 100M	± 0.05%
White	9	9	9	x 1G	
Gold				x 0.1	± 5%
Silver				x 0.01	± 10%

図14　カラー・コードの一覧表

● ボード・クラス

IPC-6011の分類をベースに，基板の加工精度のクラスを示します（図15）．

mm		クラス1	クラス2	クラス3	クラス4	クラス5	クラス6
	配線幅	0.8	0.5	0.31	0.21	0.15	0.12
	最小クリアランス	0.68	0.5	0.31	0.21	0.15	0.12
	ビア: (直径 - ドリル)	--	--	0.45	0.34	0.24	0.2
	メッキありパッド: (直径 - ドリル)	1.19	0.78	0.6	0.49	0.39	0.35
	メッキなしパッド: (直径 - ドリル)	1.57	1.13	0.9	--	--	--

注: 値は最小値です

図15 ボード・クラスの一覧表

● ガルバニック腐食

異なる種類の金属を接触させたときに発生するガルバニック腐食の進行の指標となる電気化学的ポテンシャルの表です（図16）．しきい値を設定し，しきい値以下のセルを塗り分けて表示できます．

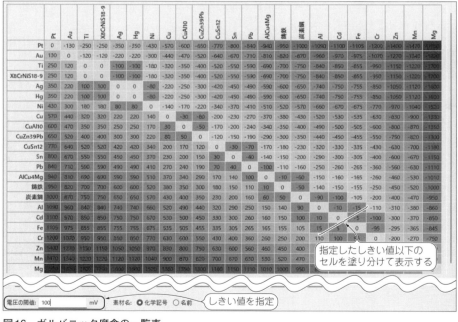

図16 ガルバニック腐食の一覧表

Appendix 3

第2部 プリント基板設計 KiCad 機能全集

「図面シート エディター」機能

「図面シート エディター」により，回路図や基板データの印刷時に使われる図面シート(枠線やタイトル ブロック)を作成，編集できます．

1 ── 全体の構成

「図面シート エディター」の画面全体を**図1**に示します．回路図エディターと似た構成で，操作も共通する箇所があります．

2 ── 操作

● 図面シート ファイルの基本操作

新規...
メニュー：[ファイル(F)]-[新規...]
アイコン位置：
ホットキー：Ctrl + N

開く...
メニュー：[ファイル(F)]-[開く...]
アイコン位置：
ホットキー：Ctrl + O

保存
メニュー：[ファイル(F)]-[保存]
アイコン位置：
ホットキー：Ctrl + S

図1 図面シート エディターの画面

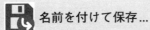 **名前を付けて保存...**

メニュー：[ファイル(F)]-[名前を付けて保存...]　　ホットキー：[Ctrl]+[Shift]+[S]

図面シート ファイル(*.kicad_wks)の作成や保存の操作を行います．

● 描画アイテムの追加

2—操作　327

ビットマップを追加　　　　　　　　　アイコン位置：

メニュー：[配置(P)]-[ビットマップを追加]

テキストを追加　　　　　　　　　　　アイコン位置：

メニュー：[配置(P)]-[テキストを追加]

描画アイテムを配置します．

テキストの文字列には"\$|TITLE|"などの変数を含めることができます．変数の一覧を**表1**に示します．変数の内容は，回路図エディターやPCBエディターの[ファイル]-[ページ設定...]で設定します．

表1　タイトル・ブロックに使える変数

変数名	説　明	変数名	説　明
ISSUE_DATE	発行日	CURRENT_DATE	本日の日付
REVISION	リビジョン	FILENAME	ファイル名
TITLE	タイトル	PROJECTNAME	プロジェクト名
COMPANY	会社名	SHEETNAME	階層シートの名前
COMMENT1 ～ 9	コメント1 ～ 9	SHEETPATH	階層シートのパス
#	ページ番号	PAPER	用紙サイズ
##	総ページ数	KICAD_VERSION	KiCadのバージョン

▶配置する位置

図面シート エディターでは，右側のプロパティのパネルに，配置した描画アイテムのプロパティが表示されます．回路図エディターやシンボル エディターとは異なり，アイテムのプロパティには「終了位置」と「繰り返しのパラメーター」があります．

描画アイテムの「X」，「Y」は「From:」で指定した位置からのオフセットになります．

- 「From:」が左上で，「X」と「Y」が0の場合，図枠の左上の位置を指す
- 「From:」が右下で，「X」と「Y」が0の場合，図枠の右下の位置を指す
- 「From:」の指定が右もしくは下の場合，X，Yの軸方向が反転する

繰り返しがある場合，ステップごとに「ステップX」，「ステップY」の値を描画アイテムの「X」と「Y」の値に加算して描画を行います．

図1の例では，40mm×10mmの矩形を50mm間隔で描画しています．図を描くというよりも，プロッタに対して動きを指示するようなイメージで捉えるとわかりやすいでしょう．

● 描画アイテムを一覧表示する

⊞ デザイン インスペクターを表示　　　　　　　　　アイコン位置：⊞

メニュー：[検査(I)]-[デザイン インスペクターを表示]

図面シートに描画されているアイテムを一覧表示します（**図2**）．

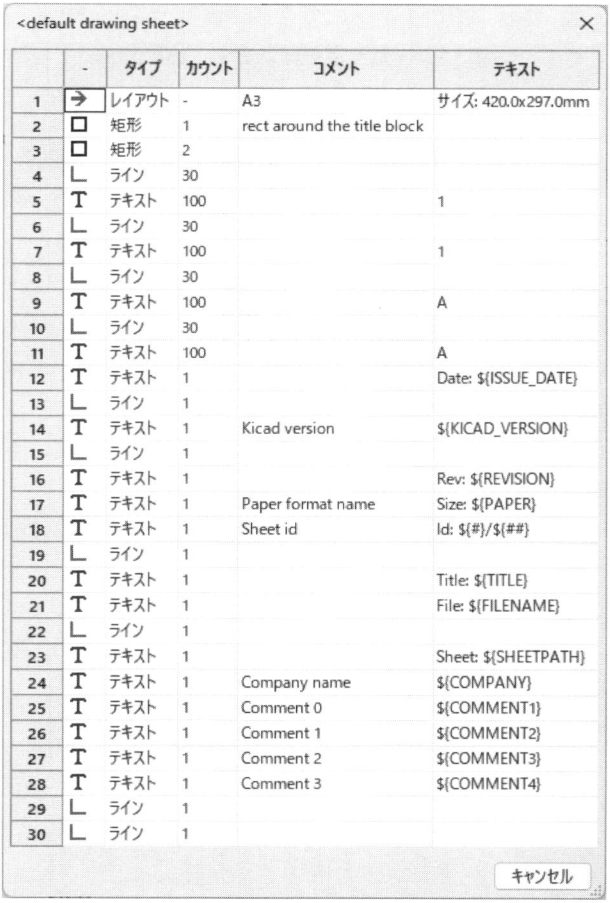

	-	タイプ	カウント	コメント	テキスト
1	→	レイアウト	-	A3	サイズ: 420.0x297.0mm
2	□	矩形	1	rect around the title block	
3	□	矩形	2		
4	L	ライン	30		
5	T	テキスト	100		1
6	L	ライン	30		
7	T	テキスト	100		1
8	L	ライン	30		
9	T	テキスト	100		A
10	L	ライン	30		
11	T	テキスト	100		A
12	T	テキスト	1		Date: ${ISSUE_DATE}
13	L	ライン	1		
14	T	テキスト	1	Kicad version	${KICAD_VERSION}
15	L	ライン	1		
16	T	テキスト	1		Rev: ${REVISION}
17	T	テキスト	1	Paper format name	Size: ${PAPER}
18	T	テキスト	1	Sheet id	Id: ${#}/${##}
19	L	ライン	1		
20	T	テキスト	1		Title: ${TITLE}
21	T	テキスト	1		File: ${FILENAME}
22	L	ライン	1		
23	T	テキスト	1		Sheet: ${SHEETPATH}
24	T	テキスト	1	Company name	${COMPANY}
25	T	テキスト	1	Comment 0	${COMMENT1}
26	T	テキスト	1	Comment 1	${COMMENT2}
27	T	テキスト	1	Comment 2	${COMMENT3}
28	T	テキスト	1	Comment 3	${COMMENT4}
29	L	ライン	1		
30	L	ライン	1		

<default drawing sheet>　　　　　キャンセル

図2　デザイン インスペクターの表示（描画アイテムの一覧）

● 既存の図面シートを追加する

 既存の図面シートを追加... アイコン位置：
メニュー：[配置(P)]-[既存の図面シートを追加...]

既にある図面シートのファイルのデータを取り込みます．

● 図面シートをプレビューする

 ページ プレビュー設定... アイコン位置：
メニュー：[表示(V)]-[ページ プレビュー設定...]

ページ プレビューの設定を行います．特に，タイトル ブロックをプレビューモードで表示する際に，変数に当てはめるテキストを設定します．

 タイトル ブロックをプレビューモードで表示 アイコン位置：

 タイトル ブロックを編集モードで表示 アイコン位置：

画面表示を「プレビューモード」または「編集モード」に切り替えます．プレビューモードのときは，[表示(V)]-[ページ プレビュー設定...]のダイアログに入力した文字が反映されます．

第2部　プリント基板設計 KiCad 機能全集

Appendix 4

画像ファイルを読み込む「イメージ コンバーター」機能

1 ── 全体の構成

「イメージ コンバーター」は，画像ファイルから KiCad のシンボル，フットプリント，図面シートのデータを生成するツールです．これを使うと，グラフィックス・ソフトウェアで編集した画像をモノクロ画像に変換して，シンボルやフットプリントに取り込むことができます．

● 画面構成

「イメージ コンバーター」の画面全体を図1に示します．

2 ── 操作

● 画像ファイルを読み込む

画面右側にある[元の画像をロード]ボタンを押して，元となる画像ファイルを読み込みます．ビットマップ，JPEG，PNGなど，主要な画像ファイルが利用できます．

● 画像の表示

[オリジナル画像]，[グレースケール画像]，[モノクロ画像]の各タブに，読み込んだ元の画像と，グレースケール化，モノクロ化を行った画像を表示します．モノクロ化には「モノクロ閾値」の設定が反映されます．

[モノクロ画像]が出力のプレビューに相当します．

第2部　プリント基板設計 KiCad 機能全集

2─操作　331

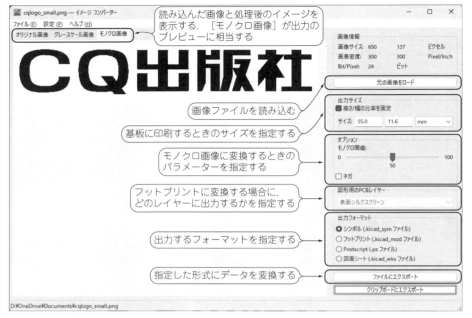

図1 イメージコンバーターの画面

● 出力サイズの設定

画像を変換した後の出力サイズを設定します.「高さ/幅の比率を固定」にチェックを入れると縦横の比率を固定し,単純な拡大/縮小として動作します.

● オプション

「モノクロ閾値」では,画像をモノクロ画像に変換するときの,2値化を行う基準のしきい値を設定します.モノクロ化した画像は[モノクロ画像]タブで確認できます.
「ネガ」にチェックを入れると,出力のモノクロ画像の白黒が反転します.

● 出力フォーマットの指定

出力するファイル形式を指定します.以下のいずれかを選択します.

- シンボル(.kicad_sym ファイル)
- フットプリント(.kicad_mod ファイル)

- PostScript（.ps ファイル）
- 図面シート（.kicad_wks ファイル）

　KiCadのシンボル，フットプリント，図面シートのほか，プリンタやDTPで使われる PostScript形式でも出力することができます．

● 図形用の**PCB**レイヤーの指定

　出力フォーマットとして「フットプリント」を指定しているときに，フットプリントのどのレイヤーに画像を取り込むのかを選択します．以下のレイヤーから選択できます．

- 表面シルクスクリーン
- 表面ハンダマスク
- 表面Fabレイヤー
- 描画ユーザーレイヤー
- コメントユーザーレイヤー
- ユーザー レイヤー Eco1
- ユーザー レイヤー Eco2

　基板にシルクスクリーン印刷でロゴなどを印刷する場合は「表面シルクスクリーン」を選択します．

● 出力の実行（エクスポート）

　[ファイルにエクスポート]ボタンを押して，指定した設定でファイルを出力します．

　[クリップボードにエクスポート]ボタンは，指定した設定でクリップボードにデータをエクスポートします．実際のところ，ここでクリップボードにエクスポートしたデータはエディタがうまく受け付けない場合が多いので，通常は[ファイルにエクスポート]ボタンを使用するのがおすすめです．

第2部　プリント基板設計KiCad機能全集

2―操作　333

INDEX
索引

【数字・アルファベット】

3D ビューアー ——42

3D モデル ——139, 264

AC 解析 ——144

Courtyard（コートヤード）レイヤー ——134, 310

DRC（Design Rule Check）——39, 261

DXF ファイル ——69

ERC（Electrical Rule Checker）——26, 212

Fab レイヤー ——133, 310

GitHub ——161

GitLab ——166

GPL（General Public License）——12

KiCad のフォルダ構成 ——175

KLC（KiCad Library Convention；KiCad ライブラリ
規約）——109, 110, 124, 126, 132

ngspice ——142, 213

PCB エディター ——29, 223

PWR_FLAG ——67

Python スクリプト ——271

Silkscreen（シルク印刷）レイヤー ——133, 310

SMD（Surface Mount Device；表面実装部品）
——105, 125

Specctra DSN 形式 ——77

SPICE 回路シミュレータ ——142, 213

V カット ——151

【あ・ア行】

空き端子 ——200

アノテーション ——87, 207

アンカー ——138, 294, 309

イメージ コンバーター ——331

インストール ——14

インタラクティブ ルーター ——243

エイリアス ——200

エレクトリカル タイプ ——117, 289, 295

エレクトリカル ルール チェッカー（ERC）
——26, 212

【か・カ行】

ガーバー ビューアー ——273

ガーバ・データ ——44

解析タブ ——214

階層シート ——63, 205

階層ラベル ——62, 205

回路図エディター ——21, 182

回路図から基板を更新 ——218, 234

回路図の階層化 ——62, 205

回路図の設定 ——190

カラーテーマ ——154

基板外形 ——34, 69

基板から回路図を更新 ——218, 234

基板の設定 ——255

基板の層数 ——47, 256

許容最小値 ——39

クリアランス ——40, 299, 301, 306

クリーンアップ ——263

グリッド ——25, 294

グリッド原点 ——73

グローバル シンボル ライブラリ テーブル
——16, 99

グローバル ラベル ——62, 205

計算機ツール ——317

原点 ——255

【さ・サ行】

サーマル・リリーフ ——243

差動ペア ——75, 247

座標系 ——269

シートピン ——64, 206

自動配線 ——76

シミュレーター ——214

ジャンクション ——24, 199

シルク印刷 ——106, 133

シンボル ——21, 98, 193, 281

シンボル エディター ——99, 280

シンボルの一括編集 —— 220
シンボルのプロパティ —— 112，195，283
シンボル ライブラリ —— 22，177，180，280
図面シート エディター —— 326
スリット —— 151
スルーホール —— 105，125
寸法線 —— 253
ソルダ・レジスト —— 49

【た・タ行】
代替シンボル —— 291
単位系 —— 269
ティアドロップ —— 81，259，267
テキストと図形のプロパティ —— 191，258，267
テキストのプロパティ —— 208
テキスト変数 —— 209，258，328
デザイン ルール チェッカー（DRC）—— 261
デザイン・ルールの設定 —— 259
電源シンボル —— 67，193，292
ド・モルガン表現 —— 291
ドリル・ファイル —— 44

【な・ナ行】
塗りつぶしゾーン —— 79，243
ネットクラス —— 41，70，260
ネットクラス指示 —— 67，203
ネットリスト —— 219

【は・ハ行】
配線 —— 23，199，240，259
配線とビアのプロパティ —— 265
配線幅 —— 70，321
バス配線 —— 64
発注 —— 51，93
パッド —— 29，125，307
パッドのプロパティ —— 125，129，303
ハンダマスク/ハンダペースト —— 257，301
ビア —— 40，241，259，320

引出線 —— 254
ピンのプロパティ —— 102，115，289
ピン番号 —— 101，117
ピン テーブル —— 286
フットプリント —— 29，98，297
フットプリント エディター —— 104，296
フットプリントのプロパティ —— 137
フットプリント ライブラリ —— 178，180，297
部品シンボル —— 109
部品表 —— 88，219
プラグイン —— 90，153，219，271，313
プラグイン＆コンテンツ マネージャー —— 153
プロジェクト —— 20，172
プロジェクトのライブラリ テーブル —— 99
プロジェクト マネージャー —— 168
べたグラウンド —— 79，243

【ま・マ行】
面付け —— 149

【や・ヤ行】
ユニット —— 291

【ら・ラ行】
ライセンス —— 12
ラッツネスト —— 36
ラベル —— 61，200，202
ランド —— 29
リアルタイムDRC —— 39
リファレンス指定子 —— 87，111，138
リファレンス番号 —— 106
リポジトリ —— 90，158，161，313
ルールエリア —— 247
レイヤー —— 34，132，251，256，309

【わ・ワ行】
ワイヤー —— 23
ワイヤー-バス エントリー —— 64

索引　335

〈著者略歴〉

常田 裕士（ときた ひろし）

1978年生まれ．千葉県浦安市出身．日本大学理工学部物理学科卒業．富士通コンピュータテクノロジーズ勤務．大型ストレージ，携帯電話，Android搭載車載器などのファームウェア・Linuxドライバ開発．システム設計に従事．首都圏の技術コミュニティ・イベントに参加，活動している．

- ●**本書記載の社名，製品名について** ── 本書に記載されている社名および製品名は，一般に開発メーカーの登録商標です．なお，本文中ではTM，®，© の各表示を明記していません．
- ●**本書掲載記事の利用についてのご注意** ── 本書掲載記事は著作権法により保護され，また産業財産権が確立されている場合があります．したがって，記事として掲載された技術情報をもとに製品化をするには，著作権者および産業財産権者の許可が必要です．また，掲載された技術情報を利用することにより発生した損害などに関して，CQ出版社および著作権者ならびに産業財産権者は責任を負いかねますのでご了承ください．
- ●**本書付属のDVD-ROMについてのご注意** ── 本書付属のDVD-ROMに収録したプログラムやデータなどは著作権法により保護されています．したがって，特別の表記がない限り，本書付属のDVD-ROMの貸与または改変，個人で使用する場合を除いて複写複製（コピー）はできません．また，本書付属のDVD-ROMに収録したプログラムやデータなどを利用することにより発生した損害などに関して，CQ出版社および著作権者は責任を負いかねますのでご了承ください．
- ●**本書に関するご質問について** ── 文章，数式などの記述上の不明点についてのご質問は，必ず往復はがきか返信用封筒を同封した封書でお願いいたします．勝手ながら，電話でのお問い合わせには応じかねます．ご質問は著者に回送し直接回答していただきますので，多少時間がかかります．また，本書の記載範囲を越えるご質問には応じられませんので，ご了承ください．
- ●**本書の複製等について** ── 本書のコピー，スキャン，デジタル化等の無断複製は著作権法上での例外を除き禁じられています．本書を代行業者等の第三者に依頼してスキャンやデジタル化することは，たとえ個人や家庭内の利用でも認められておりません．

JCOPY 〈出版者著作権管理機構 委託出版物〉
本書の無断複製は著作権法上での例外を除き禁じられています．複製される場合は，そのつど事前に，出版者著作権管理機構（電話 03-5244-5088，FAX 03-5244-5089，e-mail: info@jcopy.or.jp）の許可を得てください．

定番プリント基板設計 KiCad 入門　　　　　　DVD-ROM付き

2025年5月1日　初版発行　　　　　　　　　　　　　　　　© 常田 裕士 2025
　　　　　　　　　　　　　　　　　　　　　　　　　　　（無断転載を禁じます）

　　　　　　　　　　　　　　　　　　　著　者　　常　田　裕　士
　　　　　　　　　　　　　　　　　　　発行人　　櫻　田　洋　一
　　　　　　　　　　　　　　　　　　　発行所　　Ｃ Ｑ 出 版 株 式 会 社
　　　　　　　　　　　　　　　　　　　〒112-8619　東京都文京区千石 4-29-14
　　　　　　　　　　　　　　　　　　　　　　　　電話　編集　03-5395-2123
ISBN978-4-7898-4960-9　　　　　　　　　　　　　　　　　販売　03-5395-2141
定価はカバーに表示してあります

乱丁，落丁本はお取り替えします　　　　　　　　編集担当者　平岡 志磨子／上村 剛士
　　　　　　　　　　　　　　　　　　　　　　　DTP・印刷・製本　岩岡印刷株式会社
　　　　　　　　　　　　　　　　　　　　　　　カバー・表紙デザイン　千村 勝紀
　　　　　　　　　　　　　　　　　　　　　　　　　　　　　　　Printed in Japan